卫星导航系统中未知扩频码 BOC 调制信号接收处理技术

刘 义 张 凯 李运宏 赵 彬 著
李 星 董 政 杨 佳

国防工业出版社
·北京·

内 容 简 介

本书围绕卫星导航系统中未知扩频码条件下 BOC 调制信号接收处理技术展开论述，主要内容包括 BOC 调制信号在卫星导航系统中的应用、未知扩频码 BOC 调制导航信号的同步重构滞后处理技术和传输码流的获取技术，以及基于同步重构滞后的信号捕获、跟踪、定位方法等。

图书在版编目（CIP）数据

卫星导航系统中未知扩频码 BOC 调制信号接收处理技术/刘义等著.—北京：国防工业出版社，2024.4
ISBN 978-7-118-13146-8

Ⅰ.①卫… Ⅱ.①刘… Ⅲ.①卫星导航—全球定位系统—信号接收 Ⅳ.①P228.4

中国国家版本馆 CIP 数据核字(2024)第 072001 号

※

国防工业出版社出版发行
（北京市海淀区紫竹院南路23号 邮政编码100048）
北京凌奇印刷有限责任公司印刷
新华书店经售

*

开本 710×1000 1/16 插页3 印张 8¼ 字数 127 千字
2024 年 4 月第 1 版第 1 次印刷 印数 1—1000 册 定价 60.00 元

（本书如有印装错误，我社负责调换）

国防书店：(010)88540777　　书店传真：(010)88540776
发行业务：(010)88540717　　发行传真：(010)88540762

前　言

二进制偏移载波(Binary Offset Carrier,BOC)调制技术是由 Betz 于 1999 年在对 GPS 现代化改造的研究工作中第一次提出的,是对传统基于二进制相移键控(Binary Phase Shift Keying,BPSK)调制的卫星导航信号的一种改进调制方式,它在传统 BPSK 信号上再调制一级方波副载波,实现对信号的二次扩频,通过将信号能量更多地集中在所占带宽的边缘部位,增加信号的有效带宽,使其具有更好的抗信道噪声与抗多径性能,同时减少了与其他现存导航信号之间的相互干扰。目前,BOC 调制已成为卫星导航系统现代化的发展方向,新一代的 GPS、Galileo、北斗等导航卫星信号均已采用 BOC 调制方式,本书围绕卫星导航系统中未知扩频码条件下 BOC 调制信号接收处理技术展开论述。

第 1 章在对卫星导航系统进行了简要描述的基础上,重点介绍了 BOC 调制信号的产生原理和 BOC 调制信号的优势,并对当前 BOC 调制信号在导航中的应用进行了分析。

第 2 章着重分析了未知扩频码条件下 BOC 调制信号的同步重构滞后处理技术,首先以 GPS 为例对卫星导航接收机工作原理进行了介绍,在此基础上提出了同步重构滞后处理技术,对该技术的基本思路和处理流程进行了分析探讨。

第 3 章详尽探讨了未知扩频码 BOC 调制信号传输码流的获取方法,首先对 BPSK 调制信号的盲解调技术进行了介绍;然后在此基础上,分析了基于盲解调的未知扩频码码流重构方法,包括直接解调算法、基于累加增强的副载波剥离的解调算法和基于已知码型信号辅助的解调算法,对上述算法的基本原理进行了介绍,对各算法的性能进行了仿真分析;最后设计并实现了基于硬件可编程平台的解调系统,给出了详细的设计实现方案。

第 4 章设计了基于同步重构滞后的信号捕获、跟踪、定位全过程处理的接收机模拟系统,对时间同步的处理流程、信号捕获算法原理及具体实现流程、信号跟踪方法、定位解算的基本原理和导航电文格式等内容进行了详细介绍。

全书由刘义拟定编写大纲并统稿。其中,第 1 章由刘义、张凯撰写,第 2 章由李星、赵彬撰写,第 3 章由张凯、董政撰写,第 4 章由李运宏、赵彬撰写。此外,陈军、褚家旭、安新源、陈海波、苏向辰阳、商向永、杨佳、何旭等同志为本书的出版做出了贡献,包括文字编辑、校对、程序编写和校验等。刘翼等参与了部分模型的讨论,并提出了宝贵意见。

本书在撰写过程中,有幸得到了所在单位领导的鼓励和支持,国防工业出版社的编辑也提供了热心帮助和指导,在此向他们一并表示感谢。

本书参考和引用的文献均为公开出版,我们尽可能全部列于书后参考文献中,在此还对所有参考文献的原作者表示感谢。

本书系统性强,理论联系实际,具有较高的学术水平和实际应用价值,基本反映了相关研究领域的新理论、新方法和新成果,是作者多年来在此领域深入研究与实践的结晶。相信本书的出版,将推动相关试验理论和方法的进步,对于从事相关专业领域的研究、教学和工程技术人员也有一定的参考价值。

虽然我们在撰写本书时付出了不懈的努力,但由于知识水平、能力及经验的限制,不当之处在所难免,诚恳希望得到相关领域专家和广大读者的批评指正。

作 者

2023 年 2 月于河南洛阳

目 录

第1章 BOC调制信号在卫星导航系统中的应用 ·················· 1

- 1.1 卫星导航系统概述 ·················· 1
- 1.2 BOC调制信号 ·················· 4
- 1.3 BOC调制信号在导航中的应用 ·················· 7
- 1.4 小结 ·················· 12
- 参考文献 ·················· 12

第2章 未知扩频码BOC调制信号的同步重构滞后处理技术 ·············· 14

- 2.1 卫星导航接收机工作原理 ·················· 14
- 2.2 卫星导航信号同步重构滞后处理技术 ·················· 21
- 2.3 同步重构滞后处理技术应用中的难点分析 ·················· 25
- 2.4 小结 ·················· 26
- 参考文献 ·················· 27

第3章 未知扩频码BOC调制信号传输码流的获取技术 ·············· 28

- 3.1 BPSK调制信号的盲解调 ·················· 28
- 3.2 未知扩频码BOC调制信号直接解调方法 ·················· 52
- 3.3 基于累加增强副载波剥离的解调方法 ·················· 54
- 3.4 基于已知码型信号辅助的解调算法 ·················· 55
- 3.5 算法仿真分析 ·················· 56
- 3.6 解调系统设计与实现 ·················· 60
- 3.7 小结 ·················· 74
- 参考文献 ·················· 74

第 4 章　基于同步重构滞后的信号捕获、跟踪、定位方法 …………… 76
　4.1　时间同步 ………………………………………………………… 77
　4.2　未知扩频码 BOC 调制信号捕获技术 …………………………… 88
　4.3　未知扩频码 BOC 调制信号跟踪技术 …………………………… 99
　4.4　未知扩频码 BOC 调制信号定位解算技术 ……………………… 109
　4.5　小结 ……………………………………………………………… 123
　参考文献 ……………………………………………………………… 123

第1章
BOC调制信号在卫星导航系统中的应用

1.1 卫星导航系统概述

卫星导航系统[1]是以人造地球卫星作为导航台的星基无线电导航系统,为全球陆、海、空、天的各类军民载体提供全天候、高精度的位置、速度和时间信息,因而又称为天基定位、导航和授时系统。目前,全球卫星导航系统主要成员包括全球定位系统(GPS)[2]、北斗[3-4]、GLONASS[5]、Galileo[6]等,下面以最具代表性的GPS为例,对其工作原理、系统构成、特点及用途进行概述。

GPS是20世纪70年代中期由美国国防部主持研发,在第一代卫星导航系统——子午星(Transit)基础上发展起来的第二代卫星导航系统。经过发射试验卫星、开发GPS信号应用和发射工作卫星,1994年4月18日建成覆盖达到98%的GPS工作星座,它由9颗Block Ⅱ卫星和15颗Block Ⅱ A卫星组成。目前,GPS已在全球导航、测量、授时和通信方面得到十分广泛的应用。GPS技术已经发展成为多领域(陆地、海洋、航空航天)、多模式、多用途(导航、定位、定时、定轨、灾害预测、资源调查、规划、海洋开发、交通管理等)、多机型(测地型、全站型、定时型、手持型、集成型、车载式、机(星)载式)的高新技术国际性产业。

GPS是通过测量卫星信号的传播时间来测距的,时钟的误差将直接变成测距误差,此外,GPS误差中还包括星历误差、电离层的附加延时误差、对流层的附加延时误差等。在进行相对定位时大部分公共误差被抵消或削弱,因此定位精度大大提高。按照定位方式,GPS分为单点定位和相对定位(差分定位)。单点定位是根据一台接收机的观测数据来确定接收机位置，它只能采用伪距观测量，可用于车船的概略导航定位。相对定位（差分定位）是根据两台以上接收机的观测数据来确定观测点之间相对位置的方法，它既可以采用伪距观测量也可以采用相位观测量，大地测量或工程测量均采用相对观测量进行相对定位。GPS 具有全天候、定位迅速、精度高，可连续提供三维位置（精度、纬度和高度）、三维速度和时间信息等一系列优点。自问世以来，GPS 得到了极其广泛的应用，也收到了很好的效果，对用户来说，它不依赖于任何地面设施便可实现全球定位，因此是目前较流行的定位手段。

GPS[7]主要由空间部分、监控部分、用户部分三大部分组成，如图 1-1 所示。

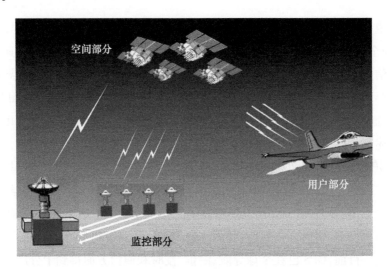

图 1-1 GPS 组成

（1）空间部分。GPS 的空间部分由高度为 20183km 的 21 颗工作卫星和 3 颗在轨道热备份卫星构成的卫星星座组成，卫星分布在 6 个等间隔、倾角为 55°的近圆轨道上，各轨道平面升交点的赤经相差 60°，在相邻轨道上卫星的升交距角相差 30°。轨道为近圆形，最大偏心率 0.01，半长轴为 26560km，卫星运行周期为 11h 58min。这样的布局使同一观测站上每天出现的卫星分布图相同，只是每天提前约 4min；每颗卫星每天约 5h 在地平线以上。因此，保障了在地球上和近地空间任一点、任何时刻均可至少同时观测 4 颗 GPS 卫星，便于进行实时定位。空间部分的主要任务是播发导航信号，星上设备有长期稳定的原子钟(其误差为1s/300万年)、L波段双频发射机、S波段接收机、伪码发生器及导航电文存储器。卫星采用4种频率工作,导航电文包括卫星星历、时钟偏差校正参数、信号传播延迟参数、卫星状态信息、时间同步信息和全部卫星的概略星历。

(2)监控部分。监控部分的主要作用是跟踪观测GPS卫星,计算编制卫星星历,监测和控制卫星的"健康"状况,保持精确的GPS时间系统,向卫星注入当行电文和控制指令。

监控部分包括1个主控站、3个注入站和5个监控站。监控站对GPS卫星进行连续观测,收集当地的气象数据,并将收集到的数据传送到主控站;主控站利用卡尔曼滤波对伪距和累积距离差的数据处理来估算卫星轨迹时钟相位、频率及其变化,并按一定格式编制成导航电文传送到注入站;注入站在主控站的控制下,将卫星星历、卫星时钟钟差等参数和其他控制指令注入各GPS卫星。

(3)用户部分。用户部分的核心是GPS接收机,它由主机、天线、电源和数据处理软件等组成,其主要功能是接收卫星发播的信号并利用本机产生的伪随机码取得距离观测值和导航电文,根据导航电文提供的卫星位置和钟差改正信息,计算接收机的位置。

GPS最基本的特点是以"多星、高轨、高频、测时-测距"为体制,以高精度的原子钟为核心,主要特点如下。

(1)全球覆盖连续的导航定位。

(2)高精度三维定位。GPS能够连续地为各类用户提供三维位置、三维速度和精确时间信息,既可通过伪码测定伪距,又可测定载波多普勒频移、载波相位。

(3)实时导航定位。利用GPS在0.01s即可完成一次定位,这对高动态用户极为重要。

(4)被动式全天候导航定位。用GPS导航定位时,用户设备只需接收GPS信号就可进行导航定位,而不需用户发射任何信号。这样被动式的导航定位不仅隐蔽性好,而且可容纳无数用户。

GPS性能优越,应用范围极广,凡是需要导航和定位的部门,都可以采用GPS。GPS的建成和应用,是导航技术的一场革命,对定位技术也是一次巨大的推动。

(1)导航定位应用。GPS是空中、海洋和陆地导航定位最先进、最理想的技术,它可以为飞机、舰船、车辆、坦克、单兵提供全天候连续导航定位。它是航天飞机和载人飞船最理想的制导、导航系统,为其在起飞、在轨运行和载入过程连续服务。

(2)精密定位应用。应用GPS载波相位测量技术,可以精确地测定两点间的相对位置,精度可达$10^{-7} \sim 10^{-8}$,为大地测量、海洋测量、航空摄影测量和地震监测、地球动力学测量提供了高精度、现代化的测量手段。GPS已广泛应用于建立准确的大地基准、大地控制网和地壳运动监测网等。

(3)精密授时。接收机通过对GPS卫星的观察,可获得准确的GPS时间。一般接收机的授时精度可达100ns,专用定时接收机可获得更高的精度,用于远距离时间同步可达纳秒级。

(4)大气研究。利用GPS所测定的电离层延迟和多普勒频移延迟,可研究电离层的电子积分浓度、折射系数、电子浓度随高度的分布,以及上述电离层参量在时间和空间上的相关性。

(5)为武器精确制导。应用GPS/INS组合制导系统时,GPS不断修正导航飞行中惯性导航误差,提高制导精度,增强武器的精确打击能力。海湾战争中,GPS为提高武器的命中精度发挥了巨大作用,故被称为"效益倍增器"。

(6)航天与武器试验中的应用。GPS在各类航天器定规和导弹、常规武器试验中有着广泛的应用,可为各类卫星测定精密轨道。在武器试验中,应用GPS可精确测定弹道,具有不受天气条件、发射场区、射向、射程和发射窗口限制的优点,可实现连续、全程跟踪测量,可跟踪低飞和多个目标,且精度高、费用低。

(7)飞行器姿态测量。姿态测量采用GPS载波相位测量技术。在卫星或其他航天器的适当位置安装多副天线,用GPS测定各天线的精确位置,从而确定航天器的姿态。

1.2　BOC调制信号

二进制偏移载波(Binary Offset Carrier,BOC)调制[8-9]是对传统基于二进制相移键控(BPSK)调制的卫星导航信号的一个改进调制方式,它在传统 BPSK 信号上再调制一级方波副载波,实现对信号的二次扩频。BOC 信号提供了两个独立的设计参数(f_s,f_c),并将 BOC 信号表示为 BOC(f_s,f_c),其中f_s为副载波频率(单位:MHz),f_c为扩频码速率(单位:Mcps)。由于f_s和f_c都是基准频率的整数倍,BOC(f_s,f_c)一般简化地表示为 BOC(m,n),其中m和n分别表示副载波频率和扩频码速率与基准频率的整数关系。以在 GPS L1C 和 Galileo E1 信号中占大部分能量的 BOC(1,1)为例,其基准频率为 1.023MHz,BOC(1,1)表示副载波频率为 1×1.023MHz,码速率为 1×1.023Mcps,BOC(m,n)调制方法如图 1-2 所示。

(1) 1.023MHz 时钟产生伪码和子载波生成基本时钟,通过m倍频和n倍频产生伪码生成时钟和子载波生成时钟。

(2) 导航电文首先与本地生成伪码相乘;然后与本地生成子载波相乘,构成基带的 BOC(m,n)信号。

(3) 再根据具体的 BOC 调制信号组合或者编排方式进行信号构建,最后与相应载波相乘,得到 BOC(m,n)调制信号。

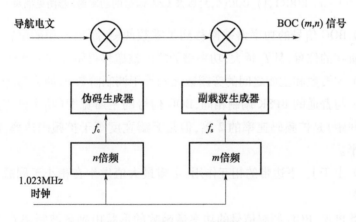

图 1-2 BOC(m,n)调制方法

以 BOC(1,1)、BOC(6,3)以及 GPS C/A 码信号为例,来说明 BOC 调制信号的功率谱特性,如图 1-3 所示。

由图 1-3 可知,BOC(f_s,f_c)信号的功率谱由主瓣和副瓣构成,具有以下特性[10]。

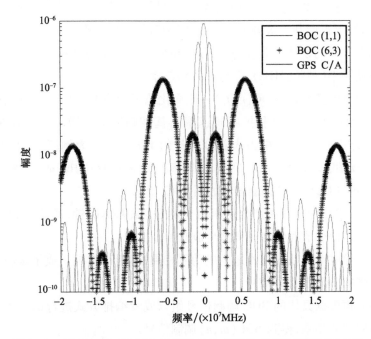

图 1-3 BOC(1,1),BOC(6,3)以及 C/A 信号的功率谱(彩图见插页)

(1) BOC 信号的功率谱被搬移到了零频两侧,距离零频的位置为副载波频率所在的位置,且 f_s 越大,功率谱的峰值被搬移得距离零频越远。

(2) 主瓣数和主瓣之间的旁瓣数之和等于调制阶数 n,即为 $2f_s/f_c$。

(3) 与普通的 BPSK 调制相同,BOC 信号的主瓣宽度(功率谱零点之间的频率间距)是扩频码速率的 2 倍,但是旁瓣宽度等于扩频码速率,即比主瓣窄一半。

(4) 由于上、下边带的相互作用,主瓣最大值发生在稍小于副载波频率 f_s 的地方。

由此可见,BOC 调制信号的功率谱函数的形状由副载波频率 f_s、扩频码速率 f_c 和调制阶数 n 三个参数决定。BOC 调制通过将信号能量更多地集中在所占带宽的边缘部位,增加了信号的有效带宽,使其具有更好的抗信道噪声与抗多径性能;同时,通过不同的频带占用方式减少了其他现存导航信号之间的相互干扰。

1.3 BOC 调制信号在导航中的应用

1.3.1 国外卫星导航系统中的 BOC 调制信号

BOC 调制信号可视为 BPSK-R 信号和一个方波副载波的乘积。BOC(m,n)是由一个 m 基频的方波频率和一个 n 基频的码片速率产生的 BOC 调制的简略表示。如图 1-4 所示。

$$g_{BOC}(t) = g_{BPSK-R(t)} \cdot \text{sgn}[\sin(\pi t/T_s + \varphi)] \qquad (1-1)$$

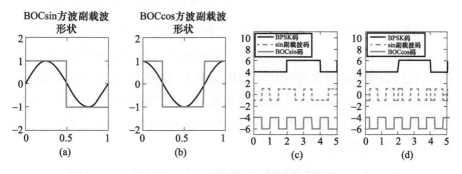

图 1-4 BOC 体制信号(彩图见插页)

MBOC(Multiplexd Binary Offset Carrier)调制为混合 BOC 调制,即在进行 BOC 调制时,副载波不再只是单一的 $\text{sgn}[\sin(\pi t/T_s)]$。

MBOC 是 GPS 和 Galileo 工作组提出的另一种子载波调制方式[11-15],从频域上对 MBOC 进行了定义,其功率谱密度是数据通道信号和导频通道信号的联合功率谱密度。工作组经过大量分析研究之后,提议采用 MBOC(6,1,1/11)。1/11 是指数据和导频通道中 BOC(6,1)的功率值和占总功率的 1/11。

$$\text{MBOC}(6,1,1/11) = \frac{10}{11}\text{BOC}(1,1) + \frac{1}{11}\text{BOC}(6,1) \qquad (1-2)$$

MBOC(6,1,1/11)调制信号的功率谱密度函数由 BOC(1,1)和 BOC(6,1)的功率谱密度加权叠加得到,因此 MBOC(6,1,1/11)调制相对于 BOC(1,1)调制的高频分量更为丰富。MBOC 调制信号的频谱特性决定了它的自相关峰比 BOC(1,1)信号的自相关峰更窄。如图 1-5 所示。

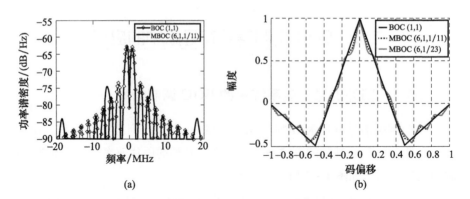

图1-5 MBOC(6,1,1/11)调制信号功率谱密度和自相关函数示意图(彩图见插页)

如果副载波是时分多副载波形式,则称这种调制为 TMBOC(Time Multiplexed Binary Offset Carrier)。GPS 采用 TMBOC(6,1,4/33),将 BOC(6,1)和 BOC(1,1)以规定的模式进行时分复用,如图1-6所示。扩频序列包括29/33 的 $BOC_s(1,1)$ 扩频符号和4/33 的 $BOC_s(6,1)$ 扩频符号,并且 BOC(6,1)扩频符号位于每33个扩频符号中的第0、4、6 和29 的位置上,其他位置为 BOC(1,1)扩频符号。

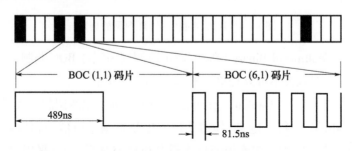

图1-6 TMBOC(6,1,4/33)示意图

GPS M 码信号是一种典型的 BOC 调制导航信号[16],由于频率带宽的限制,GPS M 码信号与现有的 GPS C/A 码信号使用同样的频率,其载波频率分别为 L1(1575.42MHz)、L2(1227.6MHz)。但是 GPS M 码信号在两个距载波频率 ±10.23MHz 的副载波上进行发射。首先每个 GPS M 码信号都经过 BPSK 调制;然后再进行扩频调制;最后通过二进制偏移载波(BOC)调制到载波 L1 或 L2 上。信号调制的副载波频率是 10.23MHz,扩展码速率是 5.115Mbps,可以用 BOC(10.23,5.115)调制表示,简写为 BOC(10,5)。GPS

第1章 BOC调制信号在卫星导航系统中的应用

M码信号中,扩展的数据调制采用双相调制,所以信号占用载波的一个正交相位信道。扩展码是来自信号保护算法的伪随机比特流,从外部看不出结构和周期。数据信号具有很灵活的内容、结构、位速率和很强的前向误差控制。不同的轨道平面、不同的卫星甚至某一卫星不同的载波都可以配置不同的数据信息内容,操作极为灵活。GPS M 码信号的保密设计基于下一代密码技术和新的密钥结构。为进一步分离军用和民用码,卫星对于 M 码将具有单独的射频链路和天线孔径。GPS M 码信号在不干扰 C/A 码和 P(Y)码接收机的前提下,以较高的功率发射,其抗干扰能力优于 P(Y)信号。同时具有更加安全的专用性、确认、机密性和密钥分配,将能够防止敌方使用 GPS。图 1-7 为 GPS 信号参数。

中心频率/MHz	信号	调制类型	数据速率/bps	二级PRN码长度	PRN码长度
1575.42	L1C/A	BPSK-R (1)	50	N/A	1023
	L1P(Y)	BPSK-R (10)	50	N/A	1周
	L1M	BOC (10, 5)	N/A	N/A	加密
	L1C	TMBOC (6, 1, 4/33)	100	N/A	10230
		BOCs (1, 1)	N/A	1800	10230
1227.60	L2P(Y)	BPSK-R (10)	50	N/A	1周
	L2 M	BOC (10, 5)	N/A	N/A	加密
	L2 C	BPSK-R (1)	20~50	N/A	CM: 10230 CL: 767250
1176.45	L5 C	BPSK-R (10)	50~100	10	10230
		BPSK-R (10)		20	10230

图 1-7 GPS 信号参数

为了在频谱上同 C/A 码、P(Y)码信号分开,不对 C/A 码和 P(Y)码信号接收产生干扰,GPSM 码信号采用了"裂谱"的信号调制,即调制后的信号频谱能量中心不在载波频率 L1、L2 上,而是在载波 L1、L2 各自的偏移载波频率上。而满足这种要求的调制方式就是二进制偏移载波(BOC)调制。

偏移载波信号的一般复数形式可用式(1-3)表示:

$$s(t) = e^{-j\theta} \sum_k a_k v_{nT}(t - knT - t_0) c_T(t - t_0) \quad (1-3)$$

式中:a_k 为扩展的已调数据码序列;$v_{nT}(t)$ 为扩展码序列,码元宽度为 nT;$c_T(t)$ 为副载波,其周期为 $2T$;n 为 a_k 单位码元时间内所包含的副载波半周期的数量;θ、t_0 反映了信号相位和时间上的偏移。

对于 BOC(10,5),其副载波选用 10.23MHz 的方波载波信号,扩展码的码速率为 5.115Mbps,即 $f_s = 10.23\text{MHz}$,$f_c = 5.115\text{MHz}$,且有 $T = \dfrac{1}{2f_s} \approx 49\text{ns}$,$n = \dfrac{2f_s}{f_c} = 4$。BOC 信号产生的原理框图如图 1-8 所示。

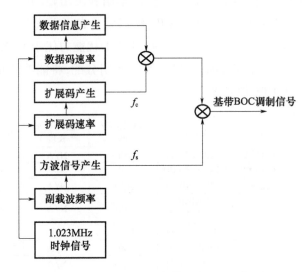

图 1-8 基带 BOC 调制信号产生原理框图

对应于式(1-3),BOC(10,5)信号的复数形式为

$$s_{\text{BOC}}(t) = e^{-j\theta} \sum_k a_k q_{4T}(t - 4kT - t_0) \qquad (1-4)$$

式中:$q_{4T}(t)$ 序列为零均值序列,其每个码元周期包括 2 个副载波周期(或 4 个副载波半周期)。

1.3.2 BOC 调制信号在我国北斗卫星导航中的应用

我国的北斗卫星导航系统[17-19]目前已完成全球系统建设,依托于北斗系统的发展,国内有清华大学、国防科技大学、中国电子科技集团公司第三十六所以及很多航天研究院所等都在对 BOC 调制技术进行研究,在 BOC 调制信号参数设定、BOC 调制信号生成模型、BOC 调制信号的发射端与接收端实现等多方面取得了一定成果。以 B1C 导航信号为例,其调制方式和导航电文都与以前的导航信号有较大差别,在测距精度和服务的稳健性方面都有较大性能提升。

B1C 调制信号由数据分量与导频分量组成,功率之比为 1∶3,其表达式如下:

$$s_{B1C}(t) = s_{B1C\_data}(t) + js_{B1C\_pilot}(t) \tag{1-5}$$

其中,

$$s_{B1C}(t) = \frac{1}{2}D_{B1C\_data}(t) \cdot C_{B1C\_data}(t) \cdot sC_{B1C\_data}(t) \tag{1-6}$$

$$s_{B1C\_pilot}(t) = \frac{\sqrt{3}}{2}C_{B1C\_pilot}(t) \cdot sC_{B1C\_pilot}(t) \tag{1-7}$$

导频分量子载波为 QMBOC(6,1,4/33)复合子载波,由相互正交的 BOC(1,1)子载波和 BOC(6,1)子载波组合构成,二者功率比为 29∶4,即

$$sc_{B1C\_pilot}(t) = \sqrt{\frac{29}{33}}\operatorname{sgn}(\sin(2\pi f_{sc\_B1C\_a}t)) - j\sqrt{\frac{4}{33}}\operatorname{sgn}(\sin(2\pi f_{sc\_B1C\_b}t))$$

$$\tag{1-8}$$

测距码采用分层码结构,由主码和子码相异或构成,如图 1-9 所示。主码码速率为 1.023Mcps,码长 10230,由长度为 10243 的 Weil 码通过截断获得。数据码和导频码各 63 个。导频分量的子码长度为 1800,由长度为 3607 的 Weil 码通过截断得到,生成方式与主码相同,共 63 个。

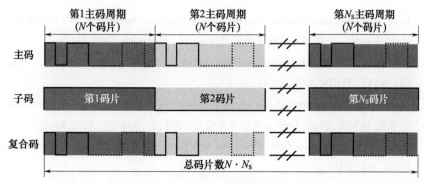

图 1-9 B1C 导航信号测距码结构

导航电文调制在数据分量,符号速率 100cps,周期 18s。每帧电文由 3 个子帧组成:子帧 1 在纠错编码前的长度为 14bit,包括 PRN 号和小时内秒计数(SOH),BCH(21,6) + BCH(51,8)编码。子帧 2 在纠错编码前的长度

为600bit,包括系统时间参数、电文数据版本号、星历参数、钟差参数、群延迟修正参数等信息,64进制LDPC(200,100)编码。子帧3在纠错编码前的长度为264bit,分为多个页面,包括电离层延迟改正模型参数、历书等信息,64进制LDPC(88,44)编码。

1.4 小　　结

BOC调制已成为卫星导航系统现代化的发展方向,新一代的GPS、Galileo、北斗等导航卫星信号均已采用BOC调制方式,其通过将信号能量更多地集中在所占带宽的边缘部位,增加了信号的有效带宽,使其具有更好的抗信道噪声与抗多径性能,同时减少了与其他现存导航信号之间的相互干扰。本章首先对卫星导航系统进行了简要介绍,然后,介绍了BOC调制信号的产生原理以及BOC调制信号的优势,最后,对BOC调制信号在国外卫星导航系统和我国北斗卫星导航系统中的应用进行了分析。

参 考 文 献

[1] 谢钢. 全球导航卫星系统原理:GPS、格洛纳斯和伽利略系统. 北京:电子工业出版社,2013.

[2] Jin S. Global Navigation Satellite Systems:Signal,Theory and Applications[M]. InTech,2012.

[3] 吕伟,朱建军. 北斗卫星导航系统发展综述[J]. 地矿测绘,2007,23(3).

[4] Bian S,Jin J,Fang Z. The Beidou Satellite Positioning System and Its Positioning Accuracy[J]. NAVIGATION,2005,52(3).

[5] Langley R. GLONASS Constellation Status[D]. Canada:University for New Brunswick,2012.

[6] 高书亮,杨东凯,洪晟. Galileo系统导航电文介绍[J]. 全球定位系统,2007,4.

[7] Kaplan E. Understanding GPS:Principles and Applications[M]. Second Edition. Artech House,Inc.,2006.

[8] Betz J. Binary Offset Carrier Modulations for Radionavigation[C]. ION NTM,San Diego,CA,January 25 - 27,1999.

[9] Pratt A,Owen J. BOC Modulation Waveforms[C]. ION GPS/GNSS,Portland,OR,September,2003.

[10] De Latour A,Grelier T,Artaud G,et al. Subcarrier Tracking Performance of BOC,ALT-

BOC and MBOC Signals[C]. ION GNSS, Fort Worth, TX, Setember 25-28, 2007.

[11] Betz. J. The Offset Carrier Modulation for GPS Modernization[C]. ION NTM, San Diego, CA, January 25-27, 1999.

[12] Blunt P. Advanced Global Navigation Satellite System Receiver Design[D]. University of Surrey, U. K., 2007.

[13] Canalda Pedros R. Galileo Signal Generation - Simulation Analysis[D]. University of Limerick, 2009.

[14] Jee G, Im S, Lee B. Optimal Code and Carrier Tracking Loop Design of Galileo BOC(1, 1)[C]. ION GNSS, Fort Worth, TX, September 25-28, 2007.

[15] 李强, 刘兵, 李会峰. 基于伽利略系统的二进制偏移载波调制技术[J]. 计算机工程与应用, 2007, 43(33).

[16] 邱致和. GPS M 码信号的 BOC 调制[J]. 导航, 2005, 3(1).

[17] 张灿. 北斗二代导航信号干扰性能的分析与研究[D]. 西安: 西安电子科技大学, 2013.

[18] 徐定杰, 刘明凯, 沈锋, 等. 基于 MBOC 调制的北斗导航信号的多径误差分析[J]. 哈尔滨工业大学学报, 2013, 45(8):122-128.

[19] 王鹏. 北斗三号 B1C 信号捕获技术研究[D]. 北京: 北方工业大学, 2019.

第 2 章
未知扩频码 BOC 调制信号的同步重构滞后处理技术

2.1 卫星导航接收机工作原理

不同卫星导航系统虽然存在差异,但接收机结构大致相同,下面以 GPS 为例对卫星导航接收机工作原理进行介绍。GPS 接收机的内部结构按其工作流程可以分为射频前端模块、数字处理模块、定位解算模块三大部分[1-6],如图 2-1 所示。

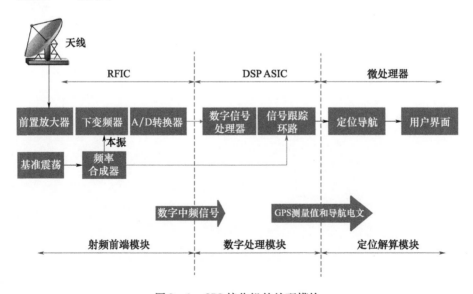

图 2-1 GPS 接收机的处理模块

第 2 章　未知扩频码 BOC 调制信号的同步重构滞后处理技术

2.1.1　射频前端模块

射频前端[7-9]可以接收所有可见的卫星信号,经过一系列的射频处理完成滤波、放大、变频、模/数(A/D)转换后变成离散的数字采样信号;考虑到数字电路和数字信号处理的优越性,目前也有将 A/D 转换尽量前移[10],通过射频前端直接进行射频带通采样变成数字离散信号,然后在数字端完成原先射频前端的相应工作。由于 GPS 接收机需要接收整个天空中可见的卫星导航信号,因此一般的 GPS 接收天线均为全向天线(这里不考虑波束成形天线),天线增益较低。射频前端模块位于天线与数字处理模块之间,主要目的是将接收的射频模拟信号离散成包含 GPS 信号成分的数字信号,并在此过程中完成比较重要的滤波和增益控制。一般希望射频前端具有低噪声指数、低功耗、高增益和高线性等优点,使其输出信号具有较高的载噪比,以利于后面数字信号处理模块对信号进行跟踪更为鲁棒,对信号检测更为精确。

2.1.2　数字处理模块

由于 GPS 接收天线可以接收到包括所见 GPS 卫星在内其他各种电磁信号,因此由射频前端 A/D 转换器输出的数字信号混杂着各个卫星信号和其他干扰信号。因为不同 GPS 信号的码型不同,不同星的 GPS 信号多普勒频移不同以及其他的信号参数不同,所以接收机必须对各个卫星信号分别进行独立的处理,也就是说必须同时处理多信号通道的数据[11-14],如图 2-2 所示。

信道化后的数字信号处理模块处理卫星信号的过程如图 2-3 所示,依次可分为捕获、跟踪、位同步和帧同步。由于信号阻挡、用户接收机高动态等原因,信号跟踪环路时常会对跟踪好的 GPS 信号造成失锁,这时需要重新回到信号捕获阶段,接着完成信号的跟踪、位同步和帧同步的过程。

数字信号处理模块复制出与接收到的卫星信号一致的本地载波信号和本地伪码信号,从而实现对 GPS 信号的捕获与跟踪,并且从中获得 GPS 伪距和载波相位等测量值以及解调出导航电文。一方面,接收机通过载波跟踪环路不断调整内部所产生的载波,使其产生的载波频率或相位与数字信号中的载波频率或相位一致,然后经下变频混频实现载波剥离;另一方面,通过码跟踪环不断调整本地码,使本地码的相位与数字信号中的导航信号中码的相位保持一致,然后经过相关运算实现码片的剥离,如图2-4和图2-5所示。

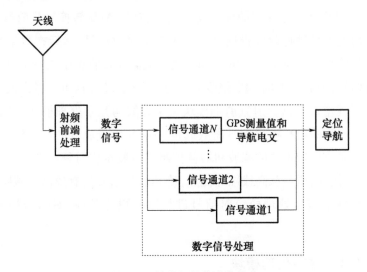

图2-2 接收机的信道化接收

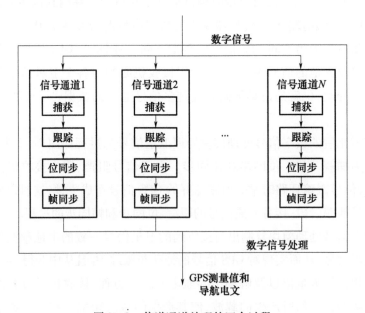

图2-3 信道通道处理的四个过程

第2章 未知扩频码BOC调制信号的同步重构滞后处理技术

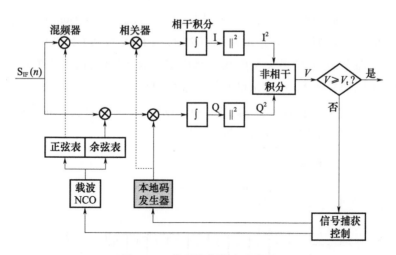

图2-4 典型捕获算法示意图

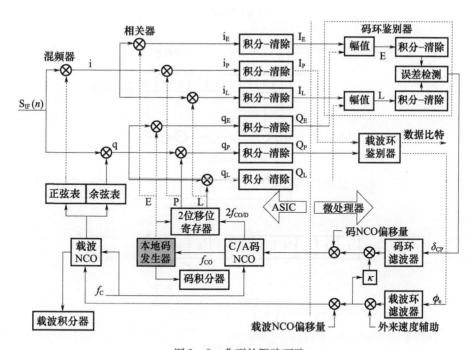

图2-5 典型的跟踪环路

通过图2-4和图2-5可知,接收机必须要在本地产生GPS本地伪码,利用伪码的相关性完成信号的捕获、跟踪。下面以GPS C/A码和P码为例,对本地码产生方法进行介绍。

GPS C/A 码的产生方式已经公开化,其信号属于称为 Gold 码的伪随机噪声(PRN)码系列。信号是由两个 1023 位的 PRN 序列 G1 和 G2 产生的,G1 和 G2 都是由 10 位最大长度线性移位寄存器产生的,由 1.023MHz 的基准时钟来驱动。图 2-6 表示的是 G1 和 G2 最大长度序列(MLS)产生器,图 2-6(a) 表示的是 G1 产生器,图 2-6(b) 和图 2-6(c) 表示的是 G2 产生器,图 2-6(c) 是图 2-6(b) 的简化形式。

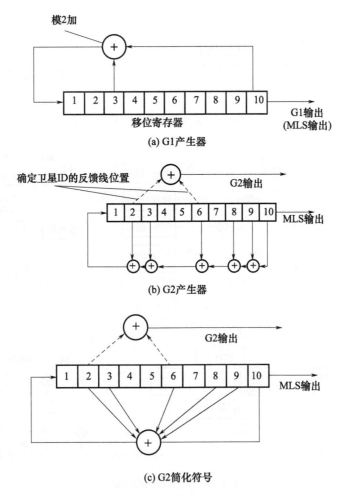

图 2-6 G1 和 G2 最大长度序列产生器

最大值长度序列产生器是由带适当反馈的移位寄存器构成的。如果移位寄存器位数为 n,则产生的序列长度为 2^n-1。G1 和 G2 中的移位寄存器

第2章 未知扩频码 BOC 调制信号的同步重构滞后处理技术

都是10位,因此,序列长度是 $1023(2^{10}-1)$。反馈电路由模2加法器来实现。

当两个输入值相同时输出是0,否则输出1。反馈电路的位置决定了序列的输出模式。G1 的反馈抽头连到了第3级和第10级,如图2-6(a)所示,相应的多项式为 $G1:1+x^3+x^{10}$。G2 的反馈抽头连到第2、3、6、8、9、10级,如图2-6(b)所示,相应的多项式为 $G2:1+x^2+x^3+x^6+x^8+x^9+x^{10}$。一般来讲,移位寄存器最后一位的输出为图2-7所示的输出序列,这个输出称为 MLS 输出。然而,G2 产生器不采用 MLS 输出作为输出信号。它的输出是由称为码相位选择的两位经另一个模2加法器产生的,如图2-6(b)和图2-6(c)所示。G2 的这种输出是延迟的 MLS 输出,延迟时间是由所选择的两个输出点的位置所决定的。目前 GPS C/A 码为明码没有加密,因此可以根据生成方式产生 GPS C/A 码,作为 GPS C/A 码软件接收设备的本地码。

除了 C/A 码之外,P 码是 GPS 信号中的另一种伪码,它同时调制在 L1 和 L2 载波信号上。P 码的周期为7天,码率为 10.23Mcps,码宽 T_p 约等于 0.1μs 或 30m,加密后的 P 码称为 Y 码,只有特许用户才能破译,并且 Y 码不再是一种金码。在这一小节只简单介绍 P 码的产生过程。

如图2-7所示,PRN_i 为卫星上产生的 P 码,P_i 是序列 X_1 与序列 X_{2i} 的模2和。序列 X_1 的生成电路是由2个12级反馈移位寄存器构成的,每个12级反馈移位寄存器各能产生一个周期为4095码片的 m 序列,而这两个 m 序列首先通过截短,各自形成周期长为4092码片的序列 X_{1A} 和周期长为4093码片的序列 X_{1B}。截短指的是在反馈移位寄存器状态循环尚未达到一个周期时被提前重置,从而使该反馈移位寄存器产生的序列周期变短。接着,截短码 X_{1A} 和 X_{1B} 异或相加,生成周期为 4092×4093 的长码。最后,此长码再经过截短,变成周期1.5s、长 $15345000(1.5s \times 10.23Mcps)$ 码片的序列 X_1。

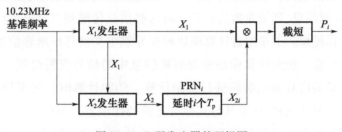

图 2-7 P 码发生器的逻辑图

与产生 X_1 序列的过程相类似,另外 2 个 12 级反馈移位寄存器最后产生长为 15345037 码片的序列 X_2,而序列 X_{2i} 是 X_2 的平移等价码。对于 PRN_i,平移等价序列 X_{2i} 是由 X_2 向右平移(即延时)i 个码片后得到的,其中 i 是 1 ~ 37 的整数。

由于 15345000 与 15345037 之间没有公约数,因而当序列 X_1 与 X_{2i} 异或相加后,所得序列的周期长度为 $15345000 \times 15345037 = 235469592765000 \approx 2.35 \times 10^{14}$ 码片,大约 38 周。最后,P 码发生器再对这一周期约为 38 周长的序列进行截短,得到周期为 1 周(7 天)长的 P 码 P_i。GPS 采用了 37 种不同的平移等价码 X_{2i},进而获得 37 种结构不同、周期长均为 1 周的 P 码 P_i。GPS 星座中的各颗卫星产生一个互不相同的 P 码,从而实现码分多址。

在每个 GPS 星历的开始的时刻,P 码发生器的各个相关寄存器值均被初始化重置,并产生 P 码的第一个码片。在卫星的伪码生成电路控制下,它的第一个 P 码码片的产生与它的第一个 C/A 码码片的产生时间正好重合。由于 P 码周期很长,如果 GPS 接收机通过相关运算来逐个依次地搜索接收信号中 P 码的码相位,那么搜索、捕获 P 码信号将会需要很长的时间。一般通过 C/A 码进行粗捕获,再用 P 码进行精捕获。在实际中,GPS P 码信号一般是经过加密加扰以 P(Y) 的形式存在,而由于加密形式无法获取,因此难以构建实际 P(Y) 码接收设备,组建干扰评估系统。但是目前可以通过 P 码的 GPS 模拟器在室内构建模拟 P 码对抗评估系统。

2.1.3 定位解算模块

如图 2 - 8 所示,GPS 接收机的定位解算[15-16]包括导航电文解算、卫星位置计算、伪距计算、用户位置计算 4 个部分。导航电文解算是需要对导航信号进行解扰、解密、解扩、解调处理,得到的解算信息包括导航卫星星历信息、信号发射信息、环境参数信息等。将这些信息传递到卫星位置计算模块和伪距计算模块。卫星位置计算模块根据导航电文解算出解算信息实时算出卫星的位置。伪距计算模块根据解算信息中的信号发射时间,结合接收机自身获得的信号到达时间进行伪距计算。伪距计算时一般采用相对法,就是指定一颗基准星,计算其与其他可见星的伪距差。卫星位置计算结果、伪距计算结果都传递给用户位置计算,用户依据这些信息采用相应的数据处理方法(最小二乘法、卡尔曼滤波等)计算获得用户位置信息。进一步分析可知,完成定位解算需要知道导航信号的加密方式、加扰方式、传输码型、调制方式、信息电文格式等信息,目前只有民码信号提供了这些信息,而在上述信息未知条件下进行定位计算非常困难。

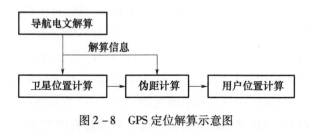

图2-8 GPS定位解算示意图

2.2 卫星导航信号同步重构滞后处理技术

2.2.1 基本原理

同步重构滞后处理技术的基本思路是通过高增益天线获取高信噪比卫星导航信号,对其进行解调,将解调得到的码流作为接收设备本地码,在此基础上完成未知扩频码卫星导航信号的捕获与跟踪,进而完成定位解算。同步重构是指接收设备的本地码重构。通过高增益天线获取高信噪比卫星导航信号,据此解调出已知(公开)和未知(加密)扩频码码流,并使二者在时间上同步。获取的未知(加密)扩频码码流将作为接收设备的本地码在对全向天线接收的卫星导航信号(信号强度远低于噪声)进行捕获和跟踪处理时使用;获取的已知(公开)扩频码码流将作为获取的未知(加密)扩频码的时间标尺,用来对齐高增益天线和全向天线获取的两路卫星导航信号,因此需要将重构的两种扩频码码流时间上同步。然而,滞后处理是指接收设备需要滞后实现未知扩频码信号的捕获、跟踪。利用前面重构的码流作为本地码,对全向天线接收的卫星导航信号进行捕获和跟踪处理时,本地码需要与待处理信号时间完全同步,而本地码重构需要一定的时间,因此需要接收设备将接收到的卫星导航信号进行缓存,待本地码重构完毕后再进行处理。

2.2.2 同步重构滞后处理技术处理流程

同步重构滞后处理技术示意图如图2-9所示,整个处理过程可以分为本地生成部分和捕获跟踪处理部分。在本地码生成部分,针对到达地面导航信号十分微弱无法满足信号盲解调的需求的问题,每个信号通道都有自己独立的射频通道,单独具有高增益天线。利用高增益天线提高接收系统的品质因数,根据星历信息对可见的卫星进行跟踪接收,保证获取到高信噪比的信号。由于采用的是高增益定向天线,而且是对单颗星进行跟踪接收的,因此每个信号通道中只具有单颗星的信号,不会有多颗星信号混叠的现象,从而使获得未知扩频码码流成为可能。在通过盲解调方法获得码流时,即使没有多颗星信号混叠现象,还要面对同时存在的同频其他卫星导航信号的干扰。在每一个信号通道中还需要通过去载波、去干扰、码片解调、去BOC调制等多个过程。由于未知扩频码卫星导航信号的加密加扰方式无从获取,为实现定位解算必须要在对应公开已知卫星导航信号辅助下完成。因此,在本地生成码部分的每个信号通道中,还需要对公开已知卫星导航信号同步进行盲解调,并将时间关系严格对应的两种码流同时传递给捕获跟踪模块。

如图2-9所示,同步重构滞后处理中的捕获与跟踪部分与2.1.1节中介绍的卫星导航接收机的主要功能模块类似,也是分为射频部分、数字计算部分、定位解算部分。前端的射频部分和2.1.2节中介绍的射频部分没有区别,也是利用全向天线同时接收所见的所有导航卫星信号,经过一系列的射频处理完成滤波、放大、变频、A/D转换后变成离散的数字采样信号;数字信号处理部分与2.1.2节中的介绍有所区别。由于本地码的复制是通过本地码生成部分盲解调后传递过来的,无法做到对卫星信号的实时接收。因此,设置一个信号缓存模块,将全向天线收到的导航信号缓存下来滞后处理。这里的滞后时间主要是由盲解调、码流传输等处理过程所需的时间决定。鉴于当前数字信号处理器件的强大,以及信号传输的便利,这个滞后时间可以做到秒级左右,不影响慢速目标的定位。需要强调的是,由于加密、加扰、码型的信息缺失,对导航电文的格式更不清楚,整个捕获、解算的过程都需要公开已知扩频码卫星导航信号的辅助。

第 2 章　未知扩频码 BOC 调制信号的同步重构滞后处理技术

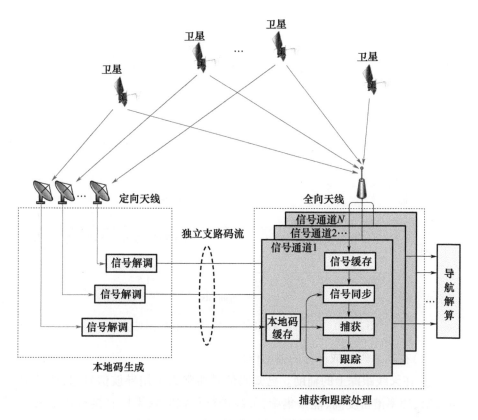

图 2-9　同步重构滞后处理技术示意图

2.2.3　同步重构滞后处理技术中已知码信号的辅助作用

以 GPS 新一代卫星导航信号为例,图 2-10 为利用高信噪比信号进行分析获取的 C/A 码和 M 码时间位置示意图,C/A 码码型已知,M 码信号扩频码未知,图中所示为通过信号处理手段完成对同一采样数据的 C/A 码、M 码的定时恢复(码跟踪)的结果,进而得到每一个 C/A 码、M 码的时间位置。可以看出,C/A 码的码片长度正好为 M 码的 5 倍,同时每个 M 码码片里又包含 4 个 BOC 码码片。每一个 C/A 码的码片起始位置都与一个 M 码的码片起始位置对应,因此可以利用 C/A 码码片对 M 码码片进行时间标定。这一 GPS 信号的特点,在捕获处理部分以及定位解算部分起到关键作用。基于上述分析,在基于同步之后处理技术框架下,已知码信号辅助作用主要体现在以下3个方面。

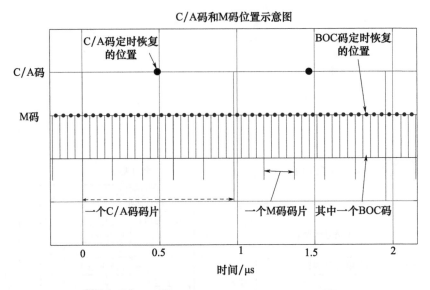

图2-10 C/A码、M码时间位置示意图(彩图见插页)

(1)在本地码生成部分的辅助作用。

① 在天线跟踪上的辅助。已知码信号通常为民用导航信号,其信号带宽较窄、功率谱密度高、能量集中,天线进行跟踪时效果比直接对宽带未知扩频码信号进行跟踪效果要好。

② 在本地码生成过程中对载波跟踪的辅助。可以利用已知码信号的相关信息完成本地载波恢复,达到下变频去载波的效果。同样,在进行载波恢复和去载波的过程中,利用已知码进行本地载波复制,对信号进行下变频处理,进而将信号分成I、Q两路,完成同频不同码型信号的剥离。

(2)在捕获和跟踪处理部分的辅助作用。针对未知扩频码BOC调制信号,在没有先验信息的情况下,难以通过本地码找到初始相位。特别是经过缓存处理后,码流都有了一定的滞后,捕获的难度更大了。这时利用未知码和已知码信号的时间对应关系,通过对已知码信号进行初捕,确定初始相位的大概位置,再利用未知码进行捕获。为了实现这个目的,在本地码生成部分同时解出已知码和未知码并将它们同时传到捕获和跟踪处理模块,利用已知码给未知码打上"时标"。

(3)在信号定位解算部分的辅助作用。用于生成本地码的信号和接收机接收的卫星导航信号分别由两路设备接收,虽然这些信号是导航卫星同时发射的,但考虑到两路设备分别所用处理时间皆不相同,所以在使用时,需要再次恢复两路信号的同步状态。两路信号中都有相同的公开已知码信号,可将其作为同步两路信号的标尺。在获取未知码型信号本地码的同时计算每个未知码码片对应的已知码码片,并将其同步保存和使用,这是本方法中"同步重构"的来源。在使用未知码本地码对信号进行处理时,取出与未知码同步的已知码,使其与待处理卫星导航信号中的已知码对准。两路信号同步后,再进行处理,即前文提到的"滞后处理"。

2.3 同步重构滞后处理技术应用中的难点分析

2.3.1 未知扩频码码流获取的相关问题

以新一代 GPS 信号为例,由于频率带宽的限制,GPS M 码信号与现有的 GPS 信号使用同样的频率,其载波频率分别为 L1(1575.42MHz)、L2(1227.6MHz),其在两个距载波频率 ±10.23MHz 的副载波上进行发射,均经过 BPSK 调制,而后再进行扩频调制,最后通过二进制偏移载波 BOC 调制到载波 L1 或 L2 上。M 码信号调制的副载波频率是 10.23MHz,扩展码速率是 5.115Mcps,可以用 BOC(10.23,5.115)调制表示,简写为 BOC(10,5)。M 码信号中,扩展的数据调制采用双相调制,所以信号占用载波的一个正交相位信道。扩展码是来自信号保护算法的伪随机比特流,从外部看不出结构和周期。数据信号具有很灵活的内容、结构、位速率和很强的前向误差控制。不同的轨道平面、不同的卫星甚至某一颗卫星的不同载波都可以配置不同的数据信息内容,操作极为灵活。为进一步分离军用和民用码,卫星对于 M 码具有单独的射频链路和天线孔径。M 码信号将在不干扰 C/A 码和 P(Y)码接收机的前提下,以较高的功率发射,其抗干扰能力将优于 P(Y)信号。此外,M 码信号上调制有一种新的 MNAV 的导航电文,与传统的 NAV 电文的帧和子帧结构形式不同。同时,M 码信号的保密设计基于下一代密码技术和新的密钥结构,正是因为采用了新的加密算法,所以 M 码军用信号具有很强的抗干扰性和更高的安全性,并且相比 P(Y)码,M 码还具有可被直接捕获的优点，因此构建靶场 M 码对抗评估系统最大的难点就是 M 码本地码的获取。

M 码信号采用 BOC 调制，从本质来说 BOC 调制信号也是一种 BPSK 调制信号，对其的盲解调也要遵循 BPSK 信号盲解调的方法。并且由于 M 码与 C/A 码、P 码信号共用同一个频段，对其进行盲解调时需克服 C/A 码、P 码信号对其的干扰。具体的解决方法将会在第 3 章进行详细阐述。

2.3.2 基于同步重构滞后处理技术模拟接收的相关问题

信道化后的数字信号处理模块处理卫星信号的过程依次可分为捕获、跟踪、位同步和帧同步。由于信号阻挡、用户接收机高动态等原因，信号跟踪环路时常会对跟踪好的信号造成失锁，这时需要重新回到信号捕获阶段，接着完成信号的跟踪、位同步和帧同步的过程。此外还要考虑伪距计算、位置解算等问题。

系统的输入包括普通天线采集的低信噪比信号、本地码生成分系统利用高增益天线采集数据所解调的本地码和导航电文，输出定位结果送给控制及干扰效果评估分系统用于相关研究和实验。接收机模拟分系统软件部分包括同步延迟控制模块、捕获模块、跟踪模块、伪距计算模块、卫星位置计算模块和定位测速解算模块，其输入为来自本地码生成分系统解调的本地码、导航电文，以及中频采样设备输出的数字中频信号。由于本地码生成分系统输出的本地码在时间上滞后数字中频信号，所以首先要对数字中频信号进行时延控制，将两者的时间统一，然后进入捕获、跟踪模块，利用解调的本地码得到精确的载波相位、码相位。由于得不到密钥，无法利用未知码导航电文，因此利用已知码解出的导航电文进行伪距和卫星位置计算，最终得到定位测速结果。

2.4 小　　结

本章着重分析了未知扩频码条件下 BOC 调制信号的同步重构滞后处理技术，首先以 GPS 为例对卫星导航接收机工作原理进行了介绍，对接收机总体结构、射频前端模块、数字处理模块和定位解算模块功能进行了详细阐述,在此基础上着重分析了同步重构滞后处理技术,介绍了该方法的基本思路和处理流程。

参考文献

[1] Hurskainen H,Paakki T,Liu Z,et al. GNSS Receiver Reference Design[C]. Proceedings of the 4th Advanced Satellite Mobile Systems,Italy,2008.

[2] Ledvina B,Psiaki M,Humphreys T,et al. A Real - time Software Receiver for the GPS and Galileo L1 Signals[C]. ION GNSS,Fort Worth,TX,September 26 - 29,2006.

[3] Lin Y,Sun C. An Innovative Acquisition Method for the GPS and Galileo Combined Signals [J]. ION GNSS,Fort Worth,TX,2007.

[4] 刘海颖. 卫星导航原理与应用[M]. 北京:国防工业出版社,2003.

[5] 鲁郁. GPS全球定位接收机:原理与软件实现[M]. 北京:电子工业出版社,2009.

[6] 谢钢. GPS原理与接收机设计[M]. 北京:电子工业出版社,2009.

[7] 高洪民,费元春. GPS接收机射频前端电路原理与设计[J]. 电子技术应用,2005,31(2):55 - 58.

[8] 朱常其,孙希延,纪元法,等. 北斗/GPS双模射频接收模组的设计与实现[J]. 电子技术应用,2014,40(5):35 - 38.

[9] Ward P W. GPS Receiver RF Interference Monitoring,Mitigation,and Analysis Techniques [J]. Annual of Navigation,1994,41(4):367 - 392.

[10] Thor J,Akos D M. A Direct RF Sampling Multifrequency GPS Receiver[C]. Location and Navigation Symposium,2002:44 - 51.

[11] 孙礼,王银锋,何川,等. GPS信号捕获与跟踪策略确定及实现[J]. 北京航空航天大学学报,1999,25(2):134 - 137.

[12] 陈斌杰,陈敏锋. 高动态下GPS信号的捕获和跟踪技术研究[J]. 现代电子技术,2006(3):29 - 31.

[13] 罗兴宇,张其善,常青. 高动态GPS信号C/A码捕获方案及实现[J]. 北京航空航天大学学报,2002,28(3):358 - 361.

[14] 覃新贤,韩承德,谢应科. GPS软件接收机中的一种实用高灵敏度快速捕获算法 [J]. 电子学报,2010,38(001):99 - 104.

[15] 郭昊. 北斗 - GPS双模卫星定位解算方法研究[D]. 北京:北京交通大学,2015.

[16] 李国庆. GPS定位解算算法与干扰技术研究[D]. 哈尔滨:哈尔滨理工大学,2009.

第 3 章
未知扩频码 BOC 调制信号传输码流的获取技术

3.1 BPSK 调制信号的盲解调

3.1.1 BPSK 调制信号的盲解调流程

数字信号调制端将要发送的符号调制后经过采样,经由 D/A 转换至模拟信号后经上变频发送出去。接收端收到信号后,首先将信号下变频,经 A/D 转换至中频数字信号;然后利用现场可编程门阵列(FPGA)、数字信号处理处(DPS)等数字信号处理板进行处理[1-3]。由于收发两端不是同源的,收发两端的载波频率和采样周期都有一定的差异,因此从中频数字信号中恢复处发送符号需要经过定时恢复和载波恢复。

定时恢复主要解决收发两端采样率不一致的问题,载波恢复主要解决收发两端不同源导致中频信号存在频偏的问题。中频数字信号经过定时和载波恢复后,才能送到判决器判决输出。数字信号的常规盲解调流程如图 3-1 所示。

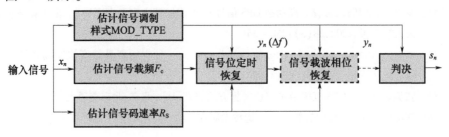

图 3-1 盲解调流程

第3章 未知扩频码 BOC 调制信号传输码流的获取技术

接收端在进行盲解调时：首先根据输入信号的特征参数，确认信号的调制样式；然后计算信号的载波频率和码速率。信号的调制样式在位定时恢复、载波恢复和判决中都会用到。部分调制样式(ASK、FSK)有相干解调和非相干解调之分，相稳键控(PSK)和正交振幅调制(QAM)类信号没有非相干解调。使用非相干解调时，不需要得到准确的载波频率，也不需要经过载波相位恢复，只需要使用一个与载波频率近似的信号与输入信号 x_n 相乘之后，使用码速率计算出每个符号的采样点数量，经过定时恢复后得到信号的最佳采样点数据 y_n，送到判决器进行判决，输出信号的调制符号 s_n。在相干解调中，则需要一个相位比较准确的载波与信号相乘，然后经过定时恢复，得到一个存在频偏的最佳采样点数据 $y_n(\Delta f)$，将该数据进行载波恢复运算，去掉信号的残留频偏得到 y_n，送到判决器进行判决，得到信号调制符号 s_n。

3.1.2 采样速率转换

由于 AD 采样速率往往远大于信号的符号速率，此外采样速率往往不是符号速率的整数倍，因此基带处理必须实现采样率到符号率的转换，即经过一定的数字域运算来实现非整数倍信号速率转换，以适应不同符号速率的接收，也就是所谓的多速率信号处理和采样率转换[4-8]。另外采样速率和发送端的符号速率会存在一定程度的漂移现象，所以需要用一定的方法来动态跟踪采样偏差。我们将讨论如何在基带上实现这样的非整数倍信号速率变换、采样频率偏差跟踪、校正等问题。采样率到符号率的变换需要分两步：一是实现整数倍的抽取(降采样)；二是实现分数倍变换。先以降采样问题为对象说明采样率变换原理。

对于降抽样(抽取)：设输入 $x(n_1 T_1)$，经 N 倍抽取输出 $y(n_2 T_2)$，$T_1 = T_2/N$，为了保证抽取之后信号仍然满足抽样定律，所以抽取之前应该进行抗混叠滤波，即对信号进行低通滤波，把信号频带限制在一定范围内。设 Ω_c 为带限后数字谱频率上限。抽取器会使新输出信号谱比原信号谱在数字频域上扩展 N 倍。为了不产生混迭失真，必须满足：

$$N\Omega_c < \pi \qquad (3-1)$$

$$y(n_2 T_2) = x(n_2 N T_1) \cdot h(n_2 N T_1) \qquad (3-2)$$

在 Z 域上可以表示为

$$Y(z) = \frac{1}{N}\sum_{k=0}^{N-1} X(z^{1/N}W^k) H(z^{1/N}W^k) \qquad (3-3)$$

式中：$W = \mathrm{e}^{-\mathrm{j}2\pi/N}$。

若滤波器滤波效果理想，则混叠项将被去掉，即 $k=0$ 时为有用信号输出，可以表示为

$$Y(z) = \frac{1}{N}X(z^{1/N})H(z^{1/N}) \qquad (3-4)$$

图 3-2 为信号 2 倍抽取的时域和频域变化过程。

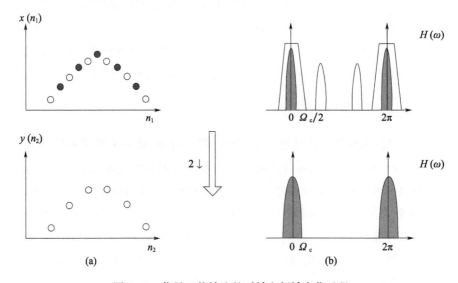

图 3-2　信号 2 倍抽取的时域和频域变化过程

我们可以把抽取和内插方法相结合，来实现分数倍采样率转换，即组成一个多抽样率系统。图 3-3 给出了分数倍采样率转换的基本原理。图中首先将输入信号 $x(n_1 T_1)$ 进行 N_1 倍下采样，得到信号 $v(n_2 T_2)$；然后对信号进行滤波，得到信号 $u(n_2 T_2)$；最后对信号 $u(n_2 T_2)$ 进行 N_2 倍下采样运算，得到信号 $y(n_3 T_3)$，即实现了 N_2/N_1 比例的抽样率转换。

图 3-3　信号采样速率变换示意图

众所周知，N 倍内插会产生镜像频谱，在 2π 周期内均匀分布 $N-1$ 个镜

第3章 未知扩频码BOC调制信号传输码流的获取技术

像谱,因此需要对镜像谱进行滤波,抗混叠滤波器的带宽为$2\Omega_c/N$,$N = \max\{N_1, N_2\}$,Ω_c为内插前数字谱频率上限。抽取器会使新输出信号谱比原信号谱在数字频域上增大N_2倍,而内插器会使信号谱比原信号谱在数字频域上缩小N_2倍。对于该采样率变换系统,无混迭失真条件为

$$\Omega_c < \frac{N_1}{N_2}\pi \qquad (3-5)$$

式中:N_1为内插因子;N_2为抽取因子。

先表示在时域上的N_1倍内插:

$$v(n_2 T_2) = x\left(\frac{n_2 T_1}{N_1}\right) \qquad (3-6)$$

经过带限滤波后可得:

$$u(n_2 T_2) = v(n_2 T_2) \cdot h(n_2 T_2) \qquad (3-7)$$

再经过N_2倍抽取,最后可得:

$$\begin{aligned} y(n_3 T_3) &= u(n_3 N_2 T_2) = v(n_3 N_2 T_2) h(n_3 N_2 T_2) \\ &= x\left(\frac{n_3 N_2 T_1}{N_1}\right) \cdot h\left(\frac{n_3 N_2 T_1}{N_1}\right) \end{aligned} \qquad (3-8)$$

在Z域上可以表示为

$$Y(z) = \frac{1}{N_2} X(z^{N_1/N_2}) H(z^{1/N_2}) \qquad (3-9)$$

3.11节从原理上表述了整数倍和分数倍采样率变换过程,可以看到抗混叠滤波器的作用是很关键的。在一个软件无线电接收机中,采样率转换模块往往会工作在非常高的时钟频率上,这对数字抗混叠滤波器的实现是一种负担。所以,如何高效而方便地实现这些滤波器非常值得研究。下面将分别讨论上述两种方法对应的滤波器高效实现结构。

首先讨论整数倍抽取器的实现。按多相分解滤波器可以表示为

$$H(z_1) = \sum_{k=0}^{N-1} z_1^{-k} E_k(z_1^N) \qquad (3-10)$$

$$E_k(z_1^N) = \sum_{l=0}^{M/N-1} h[(lN+k)T_1] z_1^{-lN} \qquad (3-11)$$

抽取结构如图3-4所示。

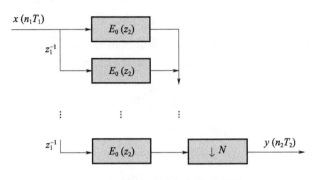

图 3-4 抽取采样率变换示意图

若令 $z_2 = z_1^N$，则

$$E_k(z_2) = \sum_{l=0}^{\frac{M}{N}-1} h[(lN+k)T_1]z_2^{-2} \qquad (3-12)$$

此时，可以把抽取模块移到前端，从而把滤波计算的时钟频率从 $1/T_1$ 降低到 $1/(NT_1)$。其结构如图 3-5 所示。

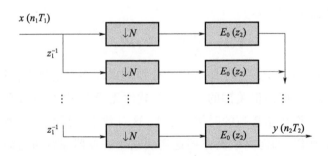

图 3-5 抽取模提前采样速率变换

需要说明的是，图中的 $\downarrow N$ 抽取只有在 $n_1 = n_2 N$ 时同时接通，并允许数据通过，除此以外的时间都断开。我们可以把输入等效为一个以 T_1 为周期、从第一支路到第 N 支路循环切换的开关，这样可以省去抽取操作。每一支路的输出在周期为 T_2 的时间内相加，就得到 $y(n_2T_2)$。抽取器分支 $E_k(z_2)$ 的实现结构如图 3-6 所示。

下面讨论的是分数倍采样率变换器的高效实现。按照原理图 3-6 中的结构，我们看到抗混叠滤波器工作在 $1/T_3 = N_1/T_1$ 的频率上，即乘法操作工

第 3 章　未知扩频码 BOC 调制信号传输码流的获取技术

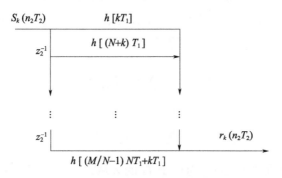

图 3-6　抽取器分支实现框图

作在系统最高时钟频率上。这样的结构效率很低,显然是不合理。很直观地就可以想到,比较理想的实现结构应该是抗混叠滤波工作在系统较低时钟频率上,即 $1/T_1$、$1/T_2$、$1/T_4 = 1/(N_2 T_1)$ 中的一个。第一个工作时钟下的实现,我们可以简单描述为将抗混叠滤波器前移到内插操作之前,计算量降低至图 3-4 结构的 $1/N_1$;第二个工作时钟下的实现,可以把抗混叠滤波器后移到抽取操作之后,计算量降低至图 3-4 结构的 $1/N_2$;显然因为这两种工作时钟都高于第三个,那么,如果我们可以用第三个工作时钟来实现抗混叠滤波,则其效率将是最高的,计算量降低至图 3-4 结构的 $1/N_1 N_2$。

根据多采样率理论,当 N_1 和 N_2 互质时,内插和抽取的先后顺序可以互换。下面来推导这种高效的实现结构。根据 Euclid 算法,当 N_1 和 N_2 为互质的正整数时,存在整数 p、q,使得下式成立:

$$N_1/p + N_2/q = 1 \tag{3-13}$$

图 3-7 为分数倍抽取器等效结构。

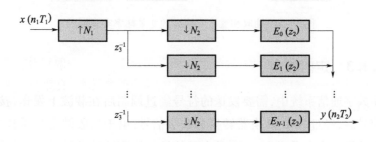

图 3-7　分数倍抽取器等效结构

· 33 ·

根据前述整数倍抽取的优化结果,先把输出前的抽取和抗混叠滤波器进行前后位置互换,得到图3-8所示的结果,再根据网络置换原理得到图3-9的结果。各个支路上的滤波表达式为

$$H(z_3) = \sum_{s=0}^{S-1} z_3^{-N_2} E_{N_2}(z_3^{N_2}) \qquad (3-14)$$

$$E_{N_2}(z_3^{N_2}) = \sum_{l=0}^{\frac{M}{N_2}-1} h((lN_2 + N_2)T_3) z_3^{-lN_2} \qquad (3-15)$$

式中:M为滤波器抽阶数;z_3对应于T_3的Z域;z_4对应于T_4的Z域。

通过图3-8、图3-9所示的结构,实现了在$1/T_4 = 1/(N_2 T_1)$钟频率上的滤波运算,从而可以大大降低单位时间内的运算量,这是一种高效的抗混叠滤波器实现结构。事实上,对于分数倍采样率变换多相结构,其高效的优化结构不是唯一的,上述结构是通过先优化抽取器、再优化内插器得到的。当先优化内插器、再优化抽取器时,可以得到另外一种高效的结构。从原理上讲,这两种结构是等效的。第二种高效结构的示意图和第一种类似,只是抽取和内插因子互换、多相滤波系数不同。

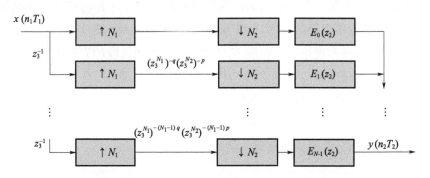

图3-8 抽取和滤波互换后的变采样率实现框图

3.1.3 定时恢复

在数字通信系统中,需要发送的符号经过调制后在载波上发送,接收端收到信号后,经过A/D转换器转换为数字信号,由于接收端是过采样的,因此一个符号有多个采样点,对于升余弦特性的匹配滤波信道,波形成型的符

第3章 未知扩频码 BOC 调制信号传输码流的获取技术

号峰值点就是所期望的最大信噪比采样点,由于收发两端不是同源的,因此接收端无法预知哪一个采样点是最佳采样点,这时接收端解调模块对输入信号进行定时采样的时刻将会偏离期望的最大信噪比采样时刻,即存在定时相位偏差。当存在定时相位偏差时,采样点数据的信噪比变差,从而导致系统性能的信噪比产生损耗。因此接收端需要通过定时恢复技术确定最佳的采样位置[9-10],如图 3-10 所示。

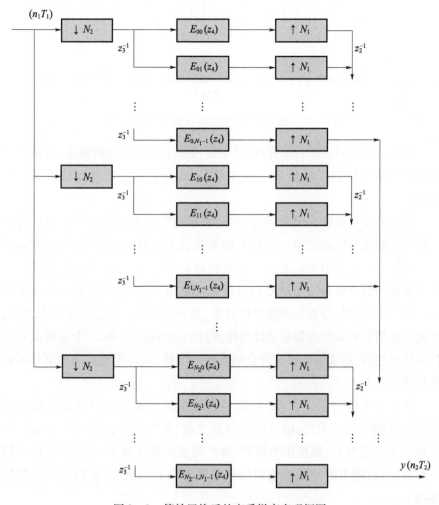

图 3-9　等效置换后的变采样率实现框图

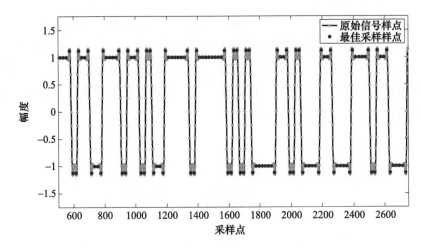

图 3 – 10　数字信号最佳采样位置（彩图见插页）

图 3 – 10 中横坐标为采样点，纵坐标为每个信号样点的幅度，有些信号点的幅度超过最佳采样位置点信号幅度，是由于脉冲成型滤波器引起的过冲。

定时恢复需要解决两个问题：定时误差初始相位的确定和定时误差的跟踪。初始相位是确定第一个符号的采样点中最佳的采样位置，即初始定时误差。定时误差的跟踪是为了校准因收发两端的时钟不同源、码速率估计不准确问题导致每一个符号的最佳采样点位置不断变化，如图 3 – 11 所示。理论采样率信号收发两端严格对准，当一个采样点是最佳采样点之后，后面固定周期的采样点都是最佳采样点，但在实际信号中，一个采样点在最佳采样点之后，后面的采样信号会随着时间漂移，使得固定周期的信号不再是最佳采样点。

图 3 – 12 给出了一个 BPSK 信号定时恢复之前和定时恢复之后的星座图。从图中可以看出，信号定时恢复之前，星座图的点为均匀分布。信号经过定时恢复后，星座图为环形，每个样点的包络较为一致，这是由于信号存在频偏，随着时间的变化信号样点绕着中心点旋转，表现为环形的星座图。

第3章 未知扩频码 BOC 调制信号传输码流的获取技术

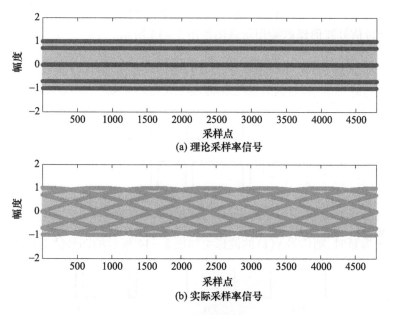

(a) 理论采样率信号

(b) 实际采样率信号

图 3-11 采样位置漂移

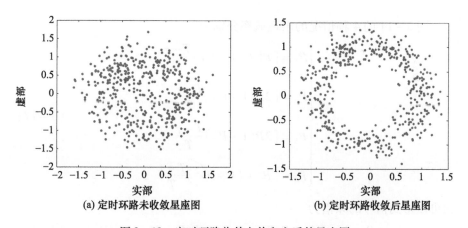

(a) 定时环路未收敛星座图 (b) 定时环路收敛后星座图

图 3-12 定时环路收敛之前和之后的星座图

在定时恢复之前,首先要确定信号的码速率,然后根据当前接收机的采样率,计算出一个码元的采样点数。可以采用延迟相乘的方法提取符号速率,考虑最简单的情况。组成基带信号的两种脉冲 $g_1(t)$、$g_2(t)$ 均为矩形脉冲,且 $g_1(t) = -g_2(t)$,设 $g_1(t)$、$g_2(t)$ 出现的概率相等,则可以考虑如下的构造函数:

$$y(t) = s(t)s(t-\tau), 0 < \tau < T \qquad (3-16)$$

基带信号波形延迟乘积示意图如图 3-13 所示。

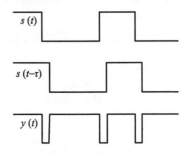

图 3-13 基带信号波形延迟乘积示意图

式中:τ 为延时,则信号 $y(t)$ 的波形由如图 3-14 所示的四种情况组成。

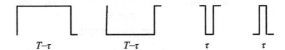

图 3-14 基带信号延时乘积后波形要素

图 3-14 的 4 种情况的出现概率分别为

$$\begin{cases} P_1 = [P^2 + (1-P)]\dfrac{T-\tau}{T} \\ P_2 = [2P(1-P)]\dfrac{T-\tau}{T} \\ P_3 = [2P(1-P)]\dfrac{T-\tau}{T} \\ P_4 = [P^2 + (1-P)^2]\dfrac{T-\tau}{T} \end{cases} \qquad (3-17)$$

则可以得到信号的频谱为

$$P(\omega) = \sum 2\pi[P_1 F_{n1} + P_2 F_{n2} + P_3 F_{n3}]\delta(\omega - m\Omega) \qquad (3-18)$$

其中

$$F_n = \frac{\tau}{T}\mathrm{Sa}(n\pi f\tau) \qquad (3-19)$$

由式(3-18)可以看到,信号延时乘积谱线有离散谱线。BPSK 信号的基带信号及延迟乘积谱如图 3-15 所示。BPSK 信号延迟乘积谱如图 3-16 所示。

第 3 章　未知扩频码 BOC 调制信号传输码流的获取技术

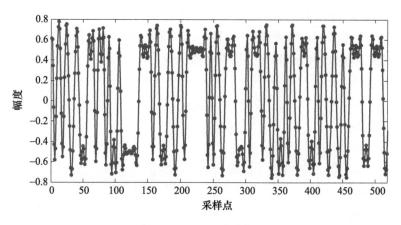

图 3-15　BPSK 基带信号

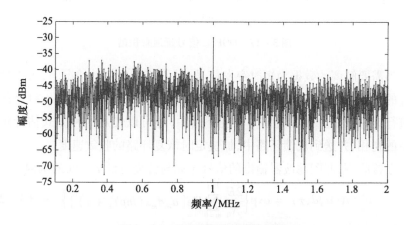

图 3-16　BPSK 信号延迟乘积谱

从图 3-16 可以看出,延迟乘积谱在信号码速率处存在峰值。延迟乘积码速率估计算法适用于 BPSK、QPSK、8PSK、16QAM、2ASK、4ASK。FSK 类信号需要解调出基带信号才能进行码速率估计。

对于 MSK 信号(OQPSK 信号的一种特殊情况)而言,无法直接使用上述方式进行码速率估计。OQPSK 的 I 和 Q 路信号变化速率是真实的 1/2,其两个比特才进行一次跳变,只需要取出信号的实部或者虚部,按前面方法估计出信号的 I 支路或 Q 支路码速率后,再乘以 2 即可。在进行 OQPSK 的码速率估计时,由于频偏会导致相关延时求快速傅里叶变换(FFT)时峰值产生搬移(延时乘积后会有两倍载频的频率项,也可以用这两个峰值来估计载频),

还需要去除频偏的影响,可以考虑将两个峰值的均值作为信号的码速率。如图 3-17 所示,信号的码速率为 1Mcps,频偏为 100kHz,Ⅰ 支路信号的延迟乘积谱在 400kHz 和 600kHz 分别有峰值出现。

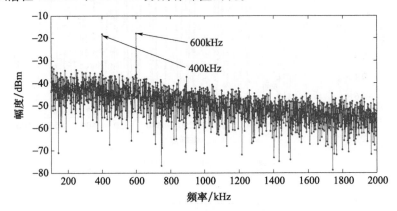

图 3-17　OQPSK 信号延迟乘积谱

当需要解调的数据为短时突发信号,且码速率已知的情况下,可以使用估计的方式直接得到一段数据的定时误差。可以只用估计结果,对该段数据进行定时恢复。在反馈定时恢复环路中,还可以使用这种方式估计定时误差的初相,并送到反馈环路中,加快定时恢复环路的收敛速度。

在接收端,匹配滤波器输出的信号序列与传输时延 τ 之间的函数为

$$\Lambda(a,d,\tau) = \exp\left\{\frac{2E_s}{N_0}\sum_{m=0}^{L-1}\mathrm{Re}[a_m d_m x(mpT_s + \tau)]\right\} \quad (3-20)$$

式中:a_m,d_m 为信道传输带来的幅度变换和信号的幅度;E_s 为符号能量;p 为一个符号的采样点数,可以首先估计信号的码速率,然后通过 R_s/F_s 得到。

在进行估计时,需要对数据进行重采样,使得采样速率为码速率的整数倍。对式(3-20)去掉无关项后,可以得到传输时延的最大似然估计为

$$L(\tau) = \sum_{m=0}^{L-1} |x(mpT_s + \tau)|^2, \quad -T/2 < \tau < T/2 \quad (3-21)$$

对式(3-21)做傅里叶级数展开,有

$$L(\tau) = \sum_i c_i \mathrm{e}^{\mathrm{j}2\pi i\tau/T}$$

$$c_i = \frac{1}{T}\int_0^T L(\tau)\mathrm{e}^{-\mathrm{j}2\pi i\tau/T}\mathrm{d}\tau \quad (3-22)$$

第3章 未知扩频码 BOC 调制信号传输码流的获取技术

得到：

$$L(\tau) = c_0 + 2\mathrm{Re}[c_1 \mathrm{e}^{\mathrm{j}2\pi\tau/T}] \quad (3-23)$$

时延估计只与式(3-23)的相位部分有关，可得到传输时延的估计表达式为

$$\tau = -\frac{T}{2\pi}\arg\{c_1\} = -\frac{T}{2\pi}\arg\left\{\sum_{i=0}^{p-1} L(iT/p)\mathrm{e}^{-\mathrm{j}2\pi i/p}\right\} \quad (3-24)$$

似然函数是通过某种近似得来的，不同的近似方法将会得到不同的似然函数。基于这种思路，可得到不同算法的估计值。

采用绝对值非线性(AVN)算法可得

$$L(\tau) = \sum_{m=0}^{L-1} |x(mpT_s + \tau)| \quad (3-25)$$

采用四次方律非线性(FLN)算法可得

$$L(\tau) = \sum_{m=0}^{L-1} |x(mpT_s + \tau)|^4 \quad (3-26)$$

采用对数非线性(LOGN)算法可得

$$L(\tau) = \sum_{m=0}^{L-1} \ln\left[1 + |x(mpT_s + \tau)|^2 \frac{E_s}{N_0}\right] L(\tau) = \sum_{m=0}^{L-1} |x(mpT_s + \tau)|^4 \quad (3-27)$$

定时误差估计算法给出的定时误差范围为$[-0.5, 0.5]$，这个误差是相对一个符号的所有采样点的，在进行插值计算时，需要将定时误差转换为采样点之间的定时误差，具体方法如下：

$$\mu = \mathrm{mod}(\mu, 1) \quad (3-28)$$

上述取模运算将定时误差范围修正为$[0,1]$，然后将定时误差修正到两个采样点之间的定时误差。可以分两步计算，首先估计整数部分：

$$k = \mathrm{ceil}(1 + p \cdot \mu) \quad (3-29)$$

得到整数部分后，然后计算定时误差的小数部分：

$$\mu_e = 1 + p \cdot \mu - k \quad (3-30)$$

图 3-18 给出一个符号 4 个样点情况下的定时误差转换。

与前馈的定时方法不同，Gardner 算法在实现时需要实时的提取码元的定时误差，利用误差来实时修正本地采样率的偏差。算法环路如图 3-19 所示。

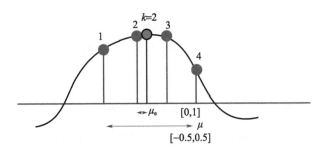

图 3-18　定时误差转换示意图

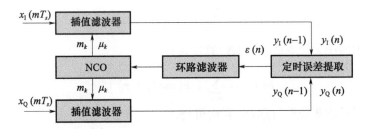

图 3-19　前馈定时误差恢复原理框图

信号经过 AD 采样后,经过采样速率变换,将信号采样速率控制到一个符号 4 个采样点,定时恢复环路两个采样点输出一个符号,振荡器计数器(Numerically Controlly Oscillator,NCO)是表征何时需要输出一个采样点,其初始值为 0。计时器工作时,每次使用初值减去控制字,控制字的初始值为

$$NCO\_w_o = R_s \cdot 2/F_s \quad (3-31)$$

$$NCO(n+1) = NCO(n) - NCO\_w_o \quad (3-32)$$

式中:NCO_w_o 为本地振荡器控制字;NCO 为本地计数器;F_s 为采样率;R_s 为信号码速率。

计数器每一次小于 0 时,计数器溢出一次,表示当前需要输出一个插值样点,插值样点的位置为样点 $x(n-1)$,$x(n)$ 之间的 $NCO(n-1)/NCO\_w_o$ 处,同时计数器对 1 取模值。

$$NCO(n) = \mathrm{mod}(NCO(n), 1) \quad (3-33)$$

对每一次溢出进行插值的过程,如图 3-20 所示。实线为采样点,虚线为最佳采样点位置。

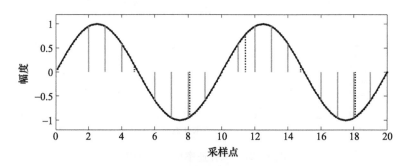

图 3-20 信号最佳采样位置示意图

定时误差检测器的作用是通过某种算法的处理,对依次输入的离散信号经过定时恢复环路的处理,采用调整相位的方法使相位偏差越来越小,从而得到信号在最佳采样点的值。计算定时误差的算法很多。对于不同的误差检测算法来说,每个符号所需要的采样点的个数是不同的,利用多少采样点来获得相位偏差信息一直是衡量定时恢复算法优劣的重要指标。一般来说,针对所需要采样点个数的不同大致分为以下几种方法。

(1) Muller-Muller 算法[11]。Muller-Muller 算法(M-M 算法)是一种直接判决的误差检测算法,只要求每符号一个采样点。定时误差可以通过以下公式计算:

$$e(n) = (y_n \hat{y}_{n-1})(\hat{y}_n y_{n-1}) \qquad (3-34)$$

式中:y_n 是当前符号的采样;y_{n-1} 是前一个符号的采样;$\hat{y}_n$ 与 $\hat{y}_{n-1}$ 分别表示当前和前一个输出的判决结果。

M-M 算法作为一种直接判决的符号定时恢复算法,基本不受模式噪声的影响,但是在一些特定的高信噪比情况下,可能会出现假锁定现象。M-M 算法最大的优点是每个符号率只需要取一个采样值,缺点是对载波偏差比较敏感。因此使用 M-M 算法检测定时误差之前必须要完成载波恢复。图 3-21 和图 3-22 分别为采样速率偏快和偏慢的示意图。

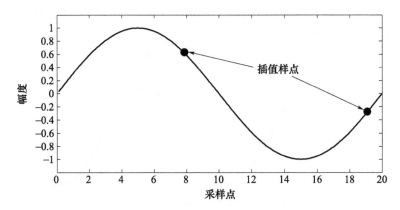

图3-21 采样速率偏快示意图

定时误差为 $E_n = -0.6 \times 1 - (-1 \times 0.3) = -0.3$,定时偏快。

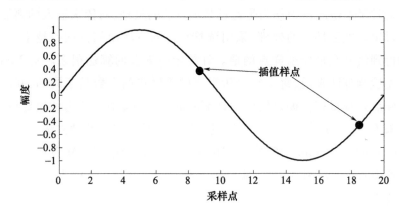

图3-22 采样速率偏慢示意图

定时误差 $E_n = (-0.3 \times 1) - (-1 \times 0.6) = 0.3$,定时偏慢。

(2) Gardner 算法[12-14]。该算法是 1986 年由 Gardner 提出的一种基于过零检测的无数据辅助的定时误差检测算法,是在许多符号定时恢复环路中用得最多的一种算法。Gardner 算法的优点是非面向判决的,而且定时恢复也完全与载波相位相互独立。算法的运算非常简单,并且对于每个数据符号仅需要两个采样点:一个为 strobe 点,即最佳观察点;另一个是 midstrobe 点,即两个最佳观察点之间的采样点。两个采样点中还包含符号的峰值(也就是根据这个采样点进行符号的判决),并且定时误差检测与载波相位偏差无关,因此定时调整可先于载波恢复完成。定时恢复环和载波恢复环相互独立,这给解调器的设计和调试带来了方便。这种算法主要用于同步的二进制基带信号以及 BPSK 或 QPSK 通带信号(均衡的、非交错的),这些信号有大约 40% ~ 100% 的额外带宽。

定时误差检测器对采样值进行运算,并对每个符号产生一个差错值。Gardner 定时误差检测算法为

$$e(r) = y_I(r-1/2)[y_I(r) - y_I(r-1)] + y_Q(r-1/2)[y_Q(r) - y_Q(r-1)]$$
(3-35)

使用复数表述式(3-35),有

$$\text{Time\_err}(k) = \text{real}\{y(k-1/2) \cdot \text{conj}[y(k) - y(k-1)]\} \quad (3-36)$$

定时误差检测算法的物理解释如下。检测器在 I、Q 通道的每个峰值位置之间的中间点,对数据流进行采样。如果存在符号间的过渡,则当没有定时误差时,中间点的平均值应该为零。而在有定时误差时,将会产生一个非零的值,它的大小与差错的大小成正比。但是,在中点处的斜率可能为正也可能为负,因此中点值本身不能为我们提供误差方向的信息。为了区别出两种不同的可能情况,算法还必须要利用位于中点两侧的两个峰值,如图 3-23 所示。

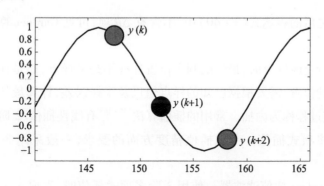

图 3-23　Gardner 定时误差检测原理

如果没有符号间的过渡,则两个峰值相等,它们的差值为零,则中点值没有作用,无法获得任何定时信息。如果存在符号间的过渡,则两个峰值将不同。两个峰值的差可以提供斜率的信息,斜率与中点值的乘积将给出定时误差的信息。

数据过渡的零跨越点 $y(k+1)$ 的幅度并不总是等于峰值幅度均值((y

$(k+1) + y(k-1))/2)$,它们会离散地分布在以零点为中心的区域内。其平均位置是正确的,但任何单独的点都会偏离平均值,从而导致白噪声的出现。

Gardner 算法需要一个符号 4 个样点,然后根据 4 个样点,间隔性地插值出两个样点,在插值出的样点,根据上述公式来判断当前的采样点是否对准。当样点对准后,应该出现一个 0 点、一个非 0 点。假设收到的数字复信号存在一个频偏,则此时信号为 $r(t) = \{a(t) + jb(t)\}e^{j\Delta\theta}$,其中,$\Delta\theta$ 为频偏,信号可以分解为

$$x^i(t) = a(t)\cos\Delta\theta - b(t)\sin\cos\Delta\theta \quad (3-37)$$

$$jx^q(t) = j\{a(t)\sin\Delta\theta + b(t)\cos\cos\Delta\theta\} \quad (3-38)$$

此时 Gardner 算法误差检测表达式为

$$e(t) = x^i(t-T/2)\{x^i(t) - x^i(t-T)\} + x^q(t-T/2)\{x^q(t) - x^q(t-T)\}$$
$$(3-39)$$

将带频偏的表达式代入式(3-39),可得

$$e(t) = a(t-T/2)\{a(t) - a(t-T)\} + b(t-T/2)\{b(t) - b(t-T)\}$$
$$(3-40)$$

化简之后的表达式(3-40)中,不含有 $\Delta\theta$ 项,可见 Gardner 算法不受载波频偏的影响。

在进行定时恢复时,最佳的判决位置往往不是采样点,而是在某两个采样点之间的位置,需要根据已知的样点值以及采样误差,计算最佳采样点的采样值,该过程称为内插。常用的插值算法[15-16]有线性插值、2 阶多项式插值和 3 阶多项式插值。考虑插值精度方面的要求,一般采用 3 阶多项式插值。

(1) Gardner 插值滤波器。使用 3 阶多项式插值时,需要 4 个样点值计算多项式系数,由于每次插值时采样点数值不同,如果每一次都需要计算多项式系数的话,计算量将会非常庞大,因此通常采用固定系数进行插值,常用的插值算法为 Gardner 多项式插值和抛物线插值。

Gardner 多项式插值的计算公式为

$$y(k) = [\{v(3)\mu_k + v(2)\}\mu_k + v(1)]\mu_k + v(0) \quad (3-41)$$

式中:$v(3)$ 为插值滤波器的中间变量,可以使用抽头滤波器的形式表述上述

插值公式,抽头滤波器的形式如图 3-24 所示。

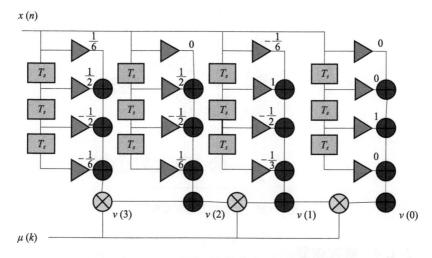

图 3-24　Gardner 插值滤波器框图(彩图见插页)

利用上述插值滤波器,可以用惯续的方式实现对最佳采样点的插值。

(2)分段抛物线插值。分段抛物线插值滤波器采用二次多项式分段近似拟合的四抽头滤波器,可以通过一些约束条件来设计,保证系数偶对称,保证线性相位特性,即

$$h_I(n) = h_I(N-n) \qquad (3-42)$$

引入设计参数 α,改变 α 值会产生不同的插值滤波特性其系数表达式如下:

$$\begin{cases} C_{-2} = \alpha\mu^2 - \alpha\mu \\ C_{-1} = -\alpha\mu^2 + (1+\alpha)\mu \\ C_0 = -\alpha\mu^2 + (\alpha-1)\mu \\ C_1 = \alpha\mu^2 - \alpha\mu \end{cases} \qquad (3-43)$$

当 $\alpha = 0.5$ 时,得到简化的硬件设计,其 Farrow 滤波器结构如图 3-25 所示。

图 3-25 做了一定的乘加法器的复用,在硬件实现时能够极大地简化抽头。容易知道,当 $\alpha = 0$ 时,就是线性插值滤波,此时 $C_{-1} = \mu, C_0 = 1-\mu, C_1 = 0, C_{-2} = 0$。

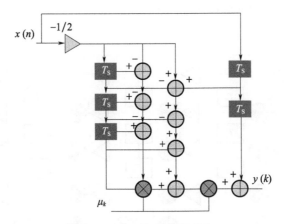

图3-25 抛物线差值实线框图

3.1.4 载波恢复

载波恢复[17-20]使用锁相环来工作,它的作用是通过一定的算法纠正信号在传输过程中产生的频偏和相偏,并实现稳定的锁定。锁相环的基本工作流程如图3-26所示。

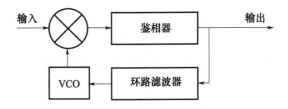

图3-26 载波恢复中锁相环工作流程

图3-27给出了QPSK信号经过载波恢复前后的星座图。从图中可以看出,经过载波恢复,校正信号的频偏之后,星座图收敛为几个点,可以直接用来做判决运算。

对于接收到的复信号 $y(k) = s_k e^{j(2\pi k\Delta f + \theta)} + n(k)$,各采样点相位的表达式为

$$x_k = 2\pi k T_s \Delta f + \theta + n_k \tag{3-44}$$

式中:n_k 服从高斯分布。

第3章 未知扩频码 BOC 调制信号传输码流的获取技术

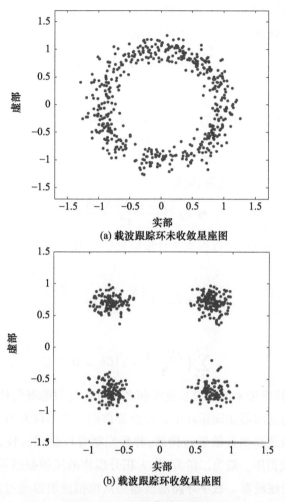

(a) 载波跟踪环未收敛星座图

(b) 载波跟踪环收敛星座图

图 3-27 QPSK 信号星座图

当信噪比大于 10 时,其统计特性可近似为均值为 0、方差为 σ^2 的高斯噪声。那么对式(3-44)进行估计,就相当于估计一个等差数列的步进。

但是受初相的影响,最后估计出来的相位分不清楚哪些是初相引起的,哪些是由频率偏移引起的。因此,为了区分这两项,需要一个加权因子,加权的作用是将初相累加之后为 0。使用不同的加权因子导出不同的算法。为简化起见,令

$$y(k) = fk + \theta \qquad (3-45)$$

式中:$y(k)$ 为瞬时相位;f 为信号频率;θ 为信号初相。

信号瞬时频率经过加权后的统计量为

$$\Theta = \sum_{k=0}^{N-1} w(k)y(k) = \sum_{k=0}^{N-1}\left(-\frac{N-1}{2}+k\right)\cdot f\cdot k + \sum_{k=0}^{N-1}\left(-\frac{N-1}{2}+k\right)\cdot \theta \tag{3-46}$$

由于加权因子是对称的,式(3-46)第二项结果为 0,第一项结果为

$$\Theta = \sum_{k=0}^{N-1}\left(-\frac{N-1}{2}\right)\cdot f\cdot k + \sum_{k=0}^{N} f\cdot k^2 \tag{3-47}$$

对式(3-47)进行化简,可得

$$\Theta = f\frac{(N-1)N(N+1)}{12} \tag{3-48}$$

利用式(3-48),可以根据统计量得到信号的频率,当要估计初相时,其加权函数为

$$w(k) = \frac{2N-1}{3} - k \tag{3-49}$$

由于

$$\sum_{k=0}^{N-1}\left(\frac{2N-1}{3} - k\right)Gk = 0 \tag{3-50}$$

因此,由频率带来的相位步进求和之后为 0,这时能够估计出初相。

数字环路滤波器在锁相环中具有重要作用。它不仅对鉴相输出的定时误差中的噪声及高频分量进行抑制,并且控制着环路相位校正的速度和精度。常用的锁相环一般为二阶环,作为积分模块的压控振荡器为一阶,环路滤波器为一阶滤波器。数字环路滤波器是从模拟滤波器通过双线性变换而来。环路滤波器经典积分环路的系统函数为

$$H(s) = \frac{1 + s\tau_2}{s\tau_1} \tag{3-51}$$

其离散形式为

$$H(z) = \frac{1}{f_s\tau_1}\left(f_s\tau_2 - 0.5 + \frac{1}{1-z^{-1}}\right) \tag{3-52}$$

由式(3-52)得到时域信号的低通环路滤波器的公式为

$$y(n) = y(n-1) + c_1\cdot(x(n) - x(n-1)) + c_2\cdot x(n) \tag{3-53}$$

式中:c_1 为比例项系数;c_2 为积分项系数。c_1 和 c_2 的工程标准为

第3章 未知扩频码 BOC 调制信号传输码流的获取技术

$$c_1 = \frac{2\xi\omega_n}{K} - T_s \frac{\omega_n^2}{2K} \tag{3-54}$$

$$c_2 = \frac{\omega_n T_s}{K} \tag{3-55}$$

式中:ξ 为阻尼系数,其值一般取 0.707;ω_n 为无阻尼震荡频率,其值为 $\omega_n = 8\xi B_L/(1+4\xi^2)$,$B_L$ 为等效输出带,可以根据信道状态调整。

如果信噪比较高,则可以将其设置为较小值,如果信噪比较低,可以适当放宽该值,以便于捕获;K 为环路增益,其值为环路鉴相增益 K_d 和 NCO 增益 K_v 之积。

数字二阶锁相环的工作原理如图 3-28 所示。

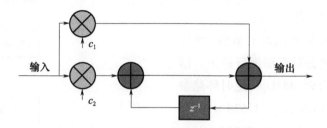

图 3-28 数字二阶锁相环的工作原理示意图

鉴相器的作用是检测当前锁相环输出相位与目标相位之间的差值。在 PSK 类、QAM 类信号中,不同调制样式信号的星座图映射方式不同,因此不同调制信号的鉴相器工作原理略有不同。

对单音信号而言,鉴相器工作原理为

$$e(n) = \text{atan2}[p_Q(n)/p_I(n)] \tag{3-56}$$

式中:atan2 为工作在全象限的 atan 函数;$p_I(n)$ 和 $p_Q(n)$ 分别为信号的虚部和实部。

对 BPSK 而言,鉴相器工作原理为

$$e(n) = p_Q(n) \cdot p_I(n)/\text{sqrt}(p_Q(n)^2 + p_I(n)^2) \tag{3-57}$$

对 QPSK 或 OQPSK 而言,鉴相器工作原理为

$$e(n) = (\text{sgn}(p_I(n)) \cdot p_Q(n) - \text{sgn}(p_Q(n)) \cdot p_I(n))/$$
$$\text{sqrt}(p_Q(n)^2 + p_I(n)^2) \tag{3-58}$$

3.2 未知扩频码 BOC 调制信号直接解调方法

图 3-29 为直接解调方法的处理流程,在 BPSK 盲解调后,依据 BOC 调制参数,副载波是占空比为 50% 的方波扩频码在发射时是对齐相乘,而且一个扩频码码片恰好含有整数个周期的方波的特点,在实现扩频码的同步和载波的剥离之后,根据副载波的周期性对输出数据进行判决,实现副载波的剥离。

为了验证算法的有效性,使用实星采集数据对算法进行验证。信号采样率为 95.48Msps,定时环路参数为 $C_1 = 0.057, C_2 = 1.628 \times 10^{-5}$,锁相环参数为 $C_1 = 0.013, C_2 = 8.883 \times 10^{-7}$。经过带通滤波后,其信号的频谱如图 3-30 所示。

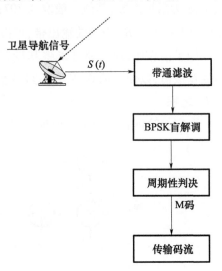

图 3-29 直接解调方法的处理流程图

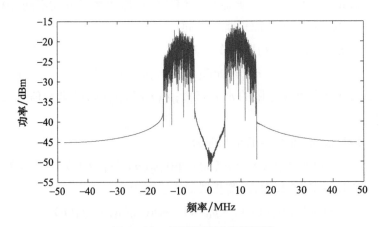

图 3-30 带通滤波后信号频谱

载波恢复之前和之后的解调星座图如图 3-31 所示。

第3章 未知扩频码 BOC 调制信号传输码流的获取技术

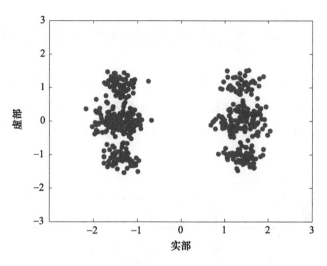

图 3-31 解调信号星座图

从图 3-31 中可以看出,解调信号星座图质量较好,判决置信水平较高。锁相环震荡频率如图 3-32 所示。

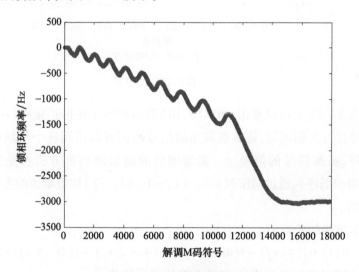

图 3-32 锁相环振荡频率

从图 3-32 中可以看出,经过若干次的迭代之后,锁相环能够很好地收敛。

3.3 基于累加增强副载波剥离的解调方法

针对两种 BOC 调制信号,将一个方波形式的副载波与 BPSK 信号相乘,将原来的信号频谱二次调制搬移到中心频率两侧,以 BOC(5,10) 为例,首先使用 BOC(5,10) 对二进制码流进行调制,然后再进行常规 BPSK 调制,如图 3-33 所示。

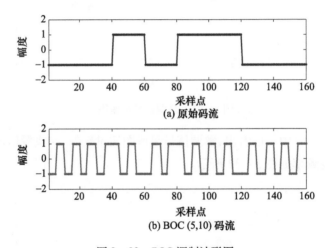

图 3-33　BOC 调制波形图

从图 3-33 中可以看出,BOC(5,10) 调制相当于使用扩频码(1010) 对原始信号进行扩频调制,那么解调出的信号码流可以使用这个扩频码进行解扩运算,提高信号的信噪比。累加增强的副载波剥离方法就是将带有 BOC 调制的码序列通过与序列 $p = [+1, -1, +1, -1]$ 按位累加的方式去除 BOC 调制。

相参增强的公式为

$$M(i) = I(4i+j) - I(4i+1+j) + I(4i+2+j) - I(4i+3+j) \quad (3-59)$$

式中:I 为定时恢复后的信号;M 为相参增强后的信号。

式(3-59)的前提是已经知道了 BOC 调制的起始位置。而在实际中,解调出的码流起始位置是随机的,因此需要对 BOC 调制的起始位置进行估计,起始位置的估计公式如下:

第3章 未知扩频码BOC调制信号传输码流的获取技术

$$\text{pos} = \arg\max_{j=1\to 3}\sum_{i=1}^{N}\text{abs}[I(4i+j) - I(4i+1+j) + I(4i+2+j) - I(4i+3+j)] \quad (3-60)$$

式中:pos 为准确的 BOC 调制起始位置;N 为估计数据的长度。

对于 BOC(5,10)调制,在进行 BOC 调制起始位置估计时,有四种可能的情况,但上式只搜索了3种可能的情况。事实上 $j=1$ 与 $j=4$ 是等效的,只是估计出相参增强后的码流是相反的。但是,考虑到 BPSK 调制本身有 π 的相位模糊,因此不用考虑解调出码流的极性,只搜索 $j=\{1,2,3\}$ 三种情况即可。

累加增强的副载波剥离方法,类似于扩频码序列为 $p = [+1, -1, +1, -1]$ 的直接序列扩频信号的解扩,即

$$a_M^{(i)}(n) = c_M^{(i)}(n) \cdot d_{MNAV}^{(i)}(n) = \sum_{i=0}^{3} s_{BOC}^{(i)}(4n+i) \cdot p(i) \quad (3-61)$$

式中:$c_M^{(i)}(n)$ 为扩频码;$d_{MNAV}^{(i)}(n)$ 为导航数据;$a_M^{(i)}(n)$ 为解调获得的第 i 颗卫星的码流;$s_{BOC}(n)$ 为 BPSK 解调后的带有 BOC 调制序列。在进行按位累加解扩之前需要确定解扩的起点,共有4个候选位置。以4个候选位置为起点分别进行长度为 $L(L \gg 4)$ 的序列的按位累加,有最大值的候选位置即是按位累加的起点。

3.4 基于已知码型信号辅助的解调算法

以 GPS 信号为例,C/A 码为公开已知码型,M 码为未知码型信号,解调算法具体过程如图3-34所示。

这里累加增强的副载波剥离方法,类似于扩频码序列为 $p = [+1, -1, +1, -1]$ 的直接序列扩频信号的解扩,即

$$a_M^{(i)}(n) = c_M^{(i)}(n) \cdot d_{MNAV}^{(i)}(n) = \sum_{i=0}^{3} s_{BOC}^{(i)}(4n+i) \cdot p(i) \quad (3-62)$$

式中:$c_M^{(i)}(n)$ 为未知扩频码;$d_{MNAV}^{(i)}(n)$ 为导航数据;$a_M^{(i)}(n)$ 为解调获得的第 i 颗卫星的码流;$s_{BOC}(n)$ 为 BPSK 解调后的带有 BOC 调制序列。

在进行按位累加解扩之前需要确定解扩的起点,共有4个候选位置。以4个候选位置为起点分别进行长度为 $L(L \gg 4)$ 的序列的按位累加,有最大值的候选位置即是按位累加的起点。

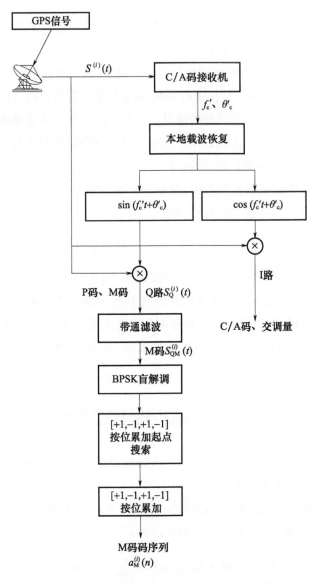

图 3-34 基于已知码型信号辅助的直接解调算法

3.5 算法仿真分析

以 GPS 信号为例对算法性能进行分析,通过天线采集高信噪比(SNR)

的 GPS 信号,信噪比约为 14.5dB,对应解调误码率小于 10^{-9},可以认为无误码。以基于 C/A 码辅助的调制域副载波剥离解调方法得到的 M 码码流为基准评估不同解调算法在不同信噪比下的解调效果。

(1)含噪信号的再加噪仿真方法。由于 M 码信号信噪比为 14.5dB,在仿真中需要对其加噪以分析其不同信噪比下解调效果,本小节着重分析对含噪信号再加噪的可行性。设信号信噪比为 SNR_s,信噪比表达式如下:

$$SNR_s = 10\lg\left(\frac{E_s}{E_N}\right) \qquad (3-63)$$

式中:E_s 为信号功率;E_N 为噪声功率。

下面讨论对含有噪声信号进行加噪的信噪比准确性,由于对含噪信号再加噪声,其信号功率为 $E_s^{(1)} = E_s + E_N$。则加噪时信噪比为

$$SNR_s^{(1)} = 10\lg\left(\frac{E_s^{(1)}}{E_N^{(1)}}\right) = 10\lg\left(\frac{E_s + E_N}{E_N^{(1)}}\right) \qquad (3-64)$$

加噪后实际信噪比为

$$SNR_s^{(2)} = 10\lg\left(\frac{E_s}{E_N^{(1)} + E_N}\right) \qquad (3-65)$$

对 $SNR_s = 14.5dB$ 的信号和无噪声的信号($SNR_s = Inf$)加噪,当 $SNR_s = Inf$ 时,$SNR_s^{(1)} = SNR_s^{(2)}$。可以得到 $SNR_s^{(2)}$ 与 $SNR_s^{(1)}$ 的关系如图 3-35 所示。

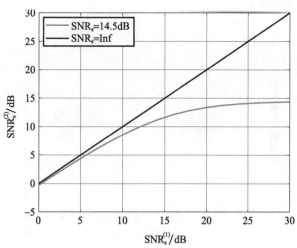

图 3-35 $SNR_s^{(2)}$ 与 $SNR_s^{(1)}$ 的关系(彩图见插页)

由图 3-35 可以看出,随着 $SNR_s^{(1)}$ 的提升,$SNR_s^{(2)}$ 无限接近于 SNR_s。为了更直观地反映 $SNR_s = 14.5dB$ 时 $SNR_s^{(2)}$ 与 $SNR_s^{(1)}$ 的关系,将 $SNR_s^{(1)}$ 取 $0 \sim 14.5dB$ 时与 $SNR_s^{(2)}$ 的对应关系见表 3-1。

表 3-1　$SNR_s^{(1)}$ 取 $0 \sim 14.5dB$ 时与 $SNR_s^{(2)}$ 的对应关系

$SNR_s^{(1)}$/dB	$SNR_s^{(2)}$/dB	$(SNR_s^{(1)} - SNR_s^{(2)})$/dB
0	-0.29	0.29
2	1.61	0.39
4	3.48	0.52
6	5.29	0.71
8	6.99	1.01
10	8.56	1.44
12	9.96	2.04
14	11.15	2.85
14.5	11.41	3.08

根据表 3-1 可以分析得到如下结论:对含有噪声的信号进行再加噪,其实际信噪比随着信噪比的降低误差越来越小,当信噪比较高时,误差最大有 3dB 的差距,因此在后续的仿真过程中需要将此误差进行修正。

(2)解调误码率仿真对比。由于信噪比足够高,解调后的星座图足够好,如图 3-36 所示。

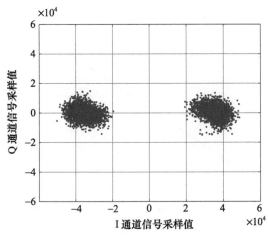

图 3-36　GPS 卫星 M 码信号解调星座图

根据采集信号信噪比和解调星座图，结合 BPSK 信号的理论解调误码率，可以得出误码率极低的结论。以此 M 码信号的解调 M 码流为准，对再加噪的不同信噪比下的信号进行解调仿真可以得到误码率曲线如图 3-37 所示。

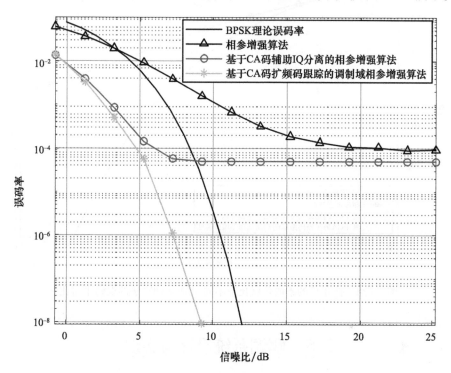

图 3-37　不同信噪比下不同 M 码解调算法的误码率对比

分析可知 $SNR_s^{(2)}$ 与 $SNR_s^{(1)}$ 之间有误差，图 3-37 给出了 $SNR_s^{(1)}$ 的误码率曲线，修正后的误码率曲线，即加噪后信号实际信噪比 $SNR_s^{(2)}$ 下的误码率曲线如图 3-38 所示。

3.2.1 节所提算法对 BOC 调制后的 M 码直接按照 BPSK 信号进行解调，解调后再通过周期性判决的方式去除 BOC 调制，但由于 M 码频带内 P 码干扰和交调量的影响，其解调效果比 BPSK 理论限差。

3.2.3 节所提算法通过 C/A 码辅助的方法将交调量从 M 码频带内剥离，可以有效消除交调量对 M 码信号的影响，且采用相乘累加的方法去除 BCO 调制，可获得 6dB 的解调增益。但是，由于 P 码干扰的影响，当信噪比较低时，其解调效果优于理论限 3.5dB 左右；当信噪比较高时 P 码干扰凸显，性能弱于理论限。随着信噪比提升 P 码干扰并不能消除,该算法出现地板效应。

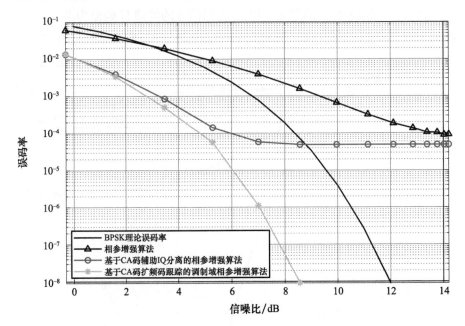

图 3-38　修正后的不同信噪比下不同 M 码解调算法的误码率对比

3.6　解调系统设计与实现

本节在前面理论分析的基础上,基于可编程硬件处理平台,设计了硬件解调系统。系统硬件平台由机箱(含电源、散热等)、射频处理单元和数字处理单元 3 个部分组成。系统输入为高增益定向天线接收的单路高信噪比导航信号。系统利用该信号解调得到传输码流,输出至后端捕获与跟踪系统。具体如图 3-39 所示。

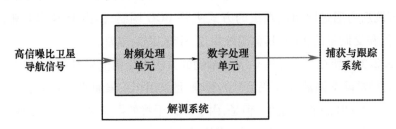

图 3-39　解调系统总体设计

射频处理单元对接收到的卫星信号进行滤波、变频和放大,采用二次变频,低中频输出架构,将天线传输过来的射频信号进行下变频和信号分离,输出中频信号,经射频线缆传输至数字处理单元。同时,射频处理单元还能够实现接收通道的自动电平控制(AGC)。

数字处理单元是系统的核心部件,输入经过滤波、放大后的卫星信号,输出解调得到的导航信号传输码流,主要完成 AD 采样、数字下变频、抽取、滤波、定时恢复、载波恢复、网络数据收发等功能。

3.6.1 载波估计单元设计与实现

对于卫星导航信号来讲,每个卫星的信号都有不同的码型、起始点码相位及载波多普勒频率,对其进行解调处理,需要首先完成载波频率和载波相位的估计,主要包含捕获和跟踪两个步骤。捕获的目的即是搜索信号中包含的可见卫星,对每一个可见卫星找到对应码的起始点码相位和载波多普勒频率,可以认为是在 PRN 码、伪码相位和多普勒频移三个维度上的搜索过程。

目前,捕获主要有时域滑动相关和频域快速傅里叶变换(FFT)并行码相位搜索两种搜索算法。时域滑动相关算法简单直观,但计算量大,搜索速度慢。FFT 并行码相位搜索算法计算量小,运行速度快,更加适合 FPGA 实现,系统采用基于后者的捕获方案。FFT 并行码相位搜索算法的基本原理是将串行搜索捕获中码相位的依次滑动转换为本地伪码与输入数据的循环卷积,时域卷积相当于频域相乘,因此将剥离载波后的输入数据和本地伪码数据变换到频域,在频域内相乘,将相乘的结果再变换到时域,这样通过一次运算就得到了所有码相位下情况本地伪码与输入数据的相关结果。FFT 并行码相位搜索算法结构如图 3 - 40 所示。

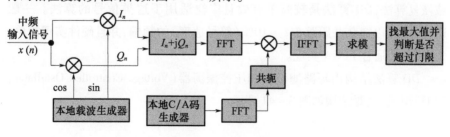

图 3 - 40　FFT 并行码相位搜索算法结构图

上述算法在时域与频域相互转换时使用了快速傅里叶变换,减小了计算量,提高了速度。因此称为 FFT 并行码相位搜索算法,其处理步骤如下。

(1)将输入中频信号和本地载波发生器输出的同相和正交信号相乘,完成剥离载波的操作,并得到复信号。

(2)对步骤(1)中得到的复信号做 FFT。

(3)将本地伪码发生器输出的伪码信号做 FFT,并取共轭。

(4)将步骤(2)与(3)的结果相乘,并将乘积做快速傅里叶反变换(IFFT)。

(5)对步骤(4)中的 IFFT 结果取模,得到所有码相位情况下本地伪码与输入数据的相关值。

(6)改变本地载波发生器的频率值,重复步骤(1)~(5),直至完成所有载波多普勒频率值的搜索。

在完成码相位和载波频率搜索后,得到的码相位精度在一个码片之内,可以直接传递给跟踪环路,但得到的载波频率精度通常在几百赫量级,无法直接传递给跟踪环路(跟踪环路所需的载波频率初始值精度通常在几十赫量级),因此还需进行载波多普勒精细频率的获取。精细频率的获取目前主要有两种措施:一种是在捕获时进一步减小频率搜索步进,但该方法计算量较大;另一种是在起始码相位捕获的基础上,对 10ms 以上的原始数据进行解扩,得到连续单载波数据,对连续单载波数据进行傅里叶变换,从而得到载波的频率值。但是,大长度的 FFT 运算会降低实时性,系统采用改进的载波多普勒精细频率获取算法。

完成上述捕获后,可将得到的载波频率值和载波相位值传递给跟踪环路进行处理,对于 BPSK 信号可以采用判决引导(Decision Directed,DD)的载波恢复算法,DD 算法是较简单有效且广泛适用于这类信号的算法。一般 DD 算法可以捕获并跟踪 5%~10%(符号速率)的频偏,并且硬件实现简单、复杂度低,适合 FPGA 实现。

DD 算法结构由环路滤波器和压控振荡器(Voltage Controlled Oscillator,VCO)组成,主要结构如图 3-41 所示。

第3章 未知扩频码 BOC 调制信号传输码流的获取技术

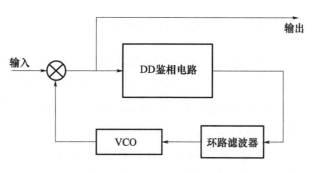

图 3-41 DD 算法实现结构

鉴相误差为

$$e_n = I_n(Q_n - \hat{Q}_n) - Q_n(I_n - \hat{I}_n) \quad (3-66)$$

等价于

$$e_n = Q_n \hat{I}_n - I_n \hat{Q}_n \quad (3-67)$$

环路滤波器与定时同步和 AGC 中的环路滤波原理相同，VCO 由积分器和 cos、sin 查找表组成，结构如图 3-42 所示。

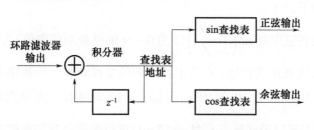

图 3-42 VCO 实现结构

积分器起到相位累加的作用，积分器输出以查找表地址的形式进入查找表得到相应的正余弦序列。整个 DD 算法需要 4 个乘法器和 cos、sin 查找表占用部分存储器，ALUT 占用比较少。资源占用较少，适合硬件实现。

根据上述的 DD 算法结构，编写 FPGA 程序。在程序中使用 COMPONENT 语句调用了地址位宽为 10 的正余弦查找表。DD 算法的鉴相误差公式需要判决值，所以 DD 模块需要判决模块配合使用，为了适应不同带宽范围信号，环路滤波器的系数 c_1、c_2 可以由主机控制，根据符号速率实时调整。

3.6.2 高速数字下变频单元设计与实现

数字下变频单元主要包括混频和低通滤波两部分,数控振荡器 NCO 是数字混频中的核心模块,数字下变频中通常使用正余弦序列来完成正交混频的功能,在 FPGA 中可以高速实现加减乘除以及移位操作,但是对于正余弦这种超越函数序列的产生是比较困难的。数控振荡器 NCO 就是完成正余弦函数序列产生的功能,NCO 的性能好坏直接影响到数字下变频的性能。NCO 的硬件实现方案有多种,如查表法、坐标旋转数字计算机(Coordinated Rotation Digital Computer,CORDIC)方法等。查表法算法简单,需要占用较多 FPGA 的存储器(Memory)资源。CORDIC 方法占用较多的逻辑单元(ALUT),而对于乘法器(DSP Elements)和存储器占用较少。

NCO 性能的好坏对于数字下变频的性能有很大的影响,使用高信噪比(Signal Noise Ratio,SNR)输出的 NCO 能够得到高质量的下变频信号。NCO 算法很多,除了 sin 和 cos 函数值的获取不同外,其基本结构大致相同。NCO 基本原理如下。

以生成正弦序列 $\sin\left(2\pi \frac{f}{f_s}i\right)$($i$ 为 $0 \sim \infty$ 的整数顺序取值)为例,生成余弦序列的方法和正弦类似。f_s 为正弦序列的采样频率,f 为数字下变频的频率,系统中频信号为 10.23MHz,所以 $f = 10.23$MHz。数字离散序列 $\sin\left(2\pi \frac{f}{f_s}i\right)$ 相当于以采样频率 f_s 对 $\sin(2\pi f t)$ 进行采样得到的离散序列。设有如下恒等式:

$$\sin\left(2\pi \frac{f}{f_s}i\right) = \sin\left(2\pi \frac{j}{2^N}\right) \tag{3-68}$$

则

$$2\pi \frac{f}{f_s}i = 2\pi \frac{j}{2^N} \tag{3-69}$$

可以得到

$$j = \frac{2^N \times f_i}{f_s} \tag{3-70}$$

记

第3章 未知扩频码 BOC 调制信号传输码流的获取技术

$$F_0 = \frac{2^N \cdot f}{f_s} \tag{3-71}$$

于是式(3-70)变换为

$$j = F_0 i \tag{3-72}$$

因此,求 $\sin\left(2\pi \frac{f}{f_s}i\right)$ 的值就转化为求 $\sin\left(2\pi \frac{j}{2^N}\right)$ 的值。由于 i 为 $0 \sim \infty$ 的整数顺序取值,所以 j 就等于 F_0 循环自累加的结果。综合式(3-68)和式(3-72),可以得到计算 $\sin\left(2\pi \frac{f}{f_s}i\right)$ 的结构如图 3-43 所示。

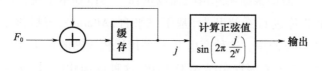

图 3-43 NCO 中正余弦计算框图

图中: $\sin\left(2\pi \frac{j}{2^N}\right)$ 中 N 表示 F_0 的位宽,由于 $f = \frac{F_0 f_s}{2^N}$,所以位宽 N 越宽,频率分辨率越高。F_0 可以用来控制产生正余弦序列的频率,因此称其为频率控制字或相位累加初值(Pase Increment Value)。

在实际应用中,基于以上方法得到如图 3-44 所示的 NCO 结构框图。

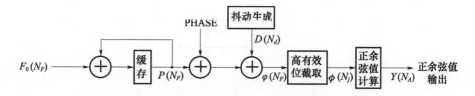

图 3-44 NCO 结构框图

图 3-44 中,P 为 F_0 自累加的结果,PHASE 为初始相位,D 为生成的相位抖动(Phase Dithering)。括号内是硬件实现选择的位宽也称为精度。N_F 为频率控制字 F_0 的精度,N_j 为 ϕ 位宽,称为角精度,N_A 为输出 Y 幅度精度。通常的 $N_F \leq N_j$,相同 N_A,N_j 越大输出信噪比越高;一般地,输出位宽 N_A 每增加 1 位会带来 6.02dB 的信噪比改善。

为了得到较高的频率分辨率,F_0 通常取较大的位宽(32 位或 48 位)。ϕ

为 φ 的高有效位截取的结果。N_j 越大正余弦值的计算越复杂,占用硬件资源也越多,输出信噪比(SNR)也越高;相反,N_j 越小算法越简单,占用硬件资源越小,输出信噪比也较低。ϕ 为 φ 的高有效位截取,舍位序列为 $\varepsilon(n)$,其是个周期序列,如果能破坏它的周期性,能改善输出信噪比。于是生成抖动 D 将 φ 的低有效位置扰乱,破坏 $\varepsilon(n)$ 的周期性。抖动 D 的取值较小,一般为 $N_D = N_F - N_j$。

NCO 算法原理结构大致相同,只是对正余弦值的计算作了不同的讨论。目前常用的正余弦值计算方法有查表法和 CORDIC 算法等,这些算法适用不同的硬件环境,需要根据实际情况加以选择。具体到本系统,选用 Altera 公司的 FPGA 芯片进行系统开发,基于该平台,Altera 公司提供了商用化的 NCO IP 核供开发使用。这种商用 IP 核使用比较成熟的算法,内部程序编写也更加高效。与个人编程实现 NCO 相比,这种商用化的 IP 核占用资源少,使用开发简单,功能强大。并且提供了 4 种 NCO 实现方案供选择,以适应不同的应用环境。经过综合考虑,在研究了 NCO 的实现算法的基础上,在 FPGA 实现上使用 NCO IP 核,以减少编程开发时间。

在完成上述 NCO 设计基础上,通过信号中频采样点与 NCO 输出正/余弦序列相乘完成信号混频,将中频数字信号变至基带进行后续处理,原理框图如图 3-45 所示。

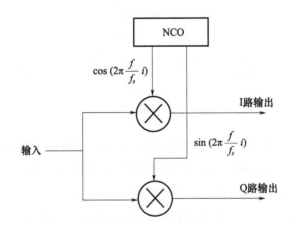

图 3-45 数字下变频原理框图

第3章 未知扩频码BOC调制信号传输码流的获取技术

NCO的FPGA实现前面已作了详细的介绍,实现的NCO能够达到163.68MHz时钟下每个时钟有一个输出,SNR达到110dB。AD之后的数据以163.68MHz时钟送入FPGA,需要实现163.68MHz时钟下的乘法。在FPGA编程实现中,使用COMPONENT语句在数字下变频的ARCHITECTURE中调用NCO模块。每个时钟上升沿完成一个采样点的乘法,得到IQ路信号数据并输出。

3.6.3 定时同步单元设计与实现

定时同步是数字通信信号解调的核心,其原理如图3-46所示,主要包括定时参数估计与定时误差纠正两个部分。定时参数估计是为了估计出采样时刻与最佳采样点的偏差,而定时误差纠正则是在估计的定时误差基础上恢复出最佳采样点的数值,通常基于插值滤波器完成。

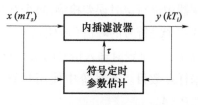

图3-46 定时同步原理框图

定时参数估计主要包括两类算法:一类为前馈式算法,是直接利用采样信号$x(mT_s)$进行定时误差估计,此类算法可以快速实现定时同步,适合短数据及突发信号的解调,但计算量大,实现复杂度相对较高;另一类为反馈式定时同步算法,此类算法通过内插信号$y(kT_i)$进行定时误差估计(或检测),估计的误差进行闭环反馈,其同步速度较前馈式算法慢,但实现复杂度低。

目前,BPSK定时参数估计常用的方法主要包括最大平均功率算法、平方定时同步算法和Gardner定时同步算法。最大平均功率算法对采样序列$x(mT_s)$作平方变换,把每个符号周期内平均功率最大的采样点作为最佳采样时刻的信息。因此每个符号周期内采样点数的多少决定了算法的定时精度,而小于采样间隔的时延则无法估计。平方定时同步为前馈式算法,它是从基带采样点模平方序列的频谱分量中提取定时信息,同步速度较快,可以估计出小于采样间隔的时延,但定时精度受观测信号长度的制约。Gardner为反馈式定时同步算法,利用内插信号$y(kT_i)$进行定时误差检测,通过闭环结构进行调整直至算法收敛,适合于对同步捕获时间没有特殊要求的通信系统,且实现复杂度相对较低。综上所述,Gardner定时算法是一种简单有效的定时同步算法。其锁相环结构简单,FPGA 实现复杂度低,资源占用少。综合考虑估计精度和处理复杂度,解调系统采用 Gardner 算法完成信号定时同步,下面首先对 Gardner 定时算法进行讨论,然后给出 FPGA 实现方案。

许多学者已对 Gardner 算法开展了深入广泛的研究,对其进行改进,以提高收敛速度。如使用最大功率法先找到离最佳采样点最近的采样点,对收敛速度改善是有限的。实际应用中,连续信号的盲解调一般不考虑收敛速度,只要不是特别慢都可以接受。系统使用最基本的 Gardner 算法完成定时,这种算法复杂度低,较适合 FPGA 实现。Gardner 定时算法在接收端的解调器中进行定时误差检测,每个符号仅需要两个采样点,并且两个采样点中的一个是符号的峰值(最佳采样点)。Gardner 算法原理如图 3-47 所示,$x(mT_s/P)$ 是定时输入信号的采样点,P 为输入过采倍数,即每个符号周期的采样点数目。本系统中使用每符号 4 个采样点的信号作为定时的输入,故 $P=4$。

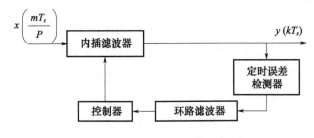

图 3-47 Gardner 定时算法框图

图 3-48 给出了 Gardner 定时误差检测算法示意图,误差计算公式为

$$e_n = y(n-1/2)(y(n) - y(n-1)) \tag{3-73}$$

算法要求每个符号周期有两个采样点:符号的最佳采样点 $y(n)$、$y(n-1)$ 以及两个连续最佳采样点中间时刻的采样点 $y(n-1/2)$。若前后两个符号值不同,当采样时刻对准最佳采样点时,定时误差 $e_n = 0$;当采样时刻超前时,$e_n < 0$;当采样时刻滞后时,$e_n > 0$。因此 Gardner 算法为基于信号波形的过零检测算法,e_n 的正负为环路提供定时误差的方向性信息,通过环路的不断调节直至算法收敛。

Gardner 算法应用于 BPSK 信号时,定时误差提取公式为

第3章 未知扩频码 BOC 调制信号传输码流的获取技术

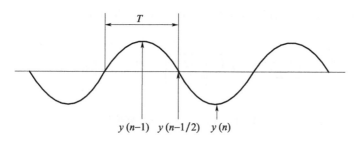

图 3-48 Gardner 定时误差检测算法示意图

$$e_n = y_I((n-1/2)T + \tau_n)[y_I(nT + \tau_n) - y_I((n-1)T + \tau_n)]$$
$$+ y_Q((n-1/2)T + \tau_n)[y_Q(nT + \tau_n) - y_Q((n-1)T + \tau_n)] \quad (3-74)$$

式中：$y_I(nT)$、$y_Q(nT)$ 为 QAM 信号的同相与正交支路分量；$y_I(nT + \tau_n)$、$y_Q(nT + \tau_n)$ 表示第 n 个符号对准判决点的采样值；$y_I((n-1/2)T + \tau_n)$、$y_Q((n-1/2)T + \tau_n)$ 表示第 $n-1$ 和第 n 个符号的中间时刻采样值；T 为符号周期；τ_n 为第 n 个符号的定时误差。

需要指出的是，e_n 本身并不能精确指出当前时刻的时间误差，它只是给出了环路的调整方向。此算法可以在载波相位锁定前达到收敛，即与载波相位相互独立，定时恢复可以在载波恢复之前完成。

目前，关于环路滤波器的研究很多，考虑到 FPGA 实现的复杂度，系统使用 2 阶的环路滤波器，其离散时域递归方程为

$$y(n) = y(n-1) + c_1[x(n) - x(n-1)] + c_2 x(n) \quad (3-75)$$

式中：$c_1 = 2w_n\zeta/K$，$c_2 = w_n^2/(Kf)$，w_n 为环路带宽，ζ 为阻尼系数，一般取阻尼系数 $\zeta = 0.707$，K 为环路增益。

定时误差估计后，内插滤波器根据时延的估计值 $\hat{\tau}$ 对 $r(mT_s)$ 进行插值，完成最佳采样时刻的数值恢复。图 3-49 为内插滤波器的速率转换模型，采样信号 $r(mT_s)$ 通过模拟滤波器 $h_I(t)$ 完成 D/A 转换，得到连续信号：

$$y(t) = \sum_m r(mT_s) h_I(t - mT_s) \quad (3-76)$$

在最佳采样时刻 $t = kT_i$ 对 $y(t)$ 重采样，得到最佳采样点的数据 $y(kT_i)$：

$$y(kT_i) = \sum_m r(mT_s) h_I(kT_i - mT_s) \quad (3-77)$$

实际中并不需要模拟滤波器对 $r(mT_s)$ 进行 D/A 转换，再重采样得到

$y(kT_i)$，而是通过数字信号处理方式完成 $y(kT_i)$ 的估计。

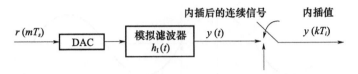

图 3-49 内插滤波器速率转换模型

插值前后的采样时间关系如图 3-50 所示，采样序列 $r(mT_s)$ 与内插序列 $y(kT_i)$ 的周期分别为 T_s、T_i，内插位置 kT_i 与 T_s 的关系为

$$kT_i = (m_k + \mu_k)T_s \tag{3-78}$$

其中

$$\begin{cases} m_k = \text{int}\left[\dfrac{kT_i}{T_s}\right] \\ \mu_k = \dfrac{kT_i}{T_s} - m_k \quad 0 \leqslant \mu_k < 1 \end{cases} \tag{3-79}$$

式中：m_k 为整数，$m_k T_s$ 对应内插基点的位置；u_k 为小数，对应 kT_i 与 $m_k T_s$ 之间的分数间隔；符号 $\text{int}[z]$ 表式不超过 z 的最大整数。

定义滤波器的指示数为

$$i = \text{int}\left[\dfrac{kT_i}{T_s}\right] - m \tag{3-80}$$

可以得到数字内插公式：

$$\begin{aligned} y(kT_i) &= y[(m_k + \mu_k)T_s] \\ &= \sum_i r[(m_k - i)T_s] h_I[(i + \mu_k)T_s] \end{aligned} \tag{3-81}$$

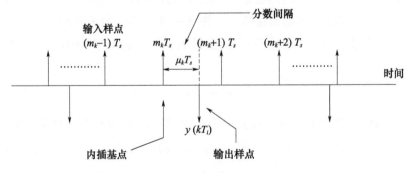

图 3-50 插值前后采样时间关系示意图

第3章 未知扩频码 BOC 调制信号传输码流的获取技术

数字内插滤波器一般用有限脉冲响应(Finite Impulse Response,FIR)滤波器实现,为减小因插值滤波引入的干扰,要求内插滤波器的频域响应在通带内尽量平坦,阻带衰减尽量大,而且具有线性相位特性。通常采用基于多项式的内插滤波器,如经典的 Lagrange 插值法、线性插值法、分段抛物线插值法和立方插值法等。通常,基于 FPGA 的硬件实现中使用 Farrow 结构。对于一个插值滤波器 Farrow 结构只有一个参数是可变的,那就是分数间隔 μ_k。任何基于多项式的滤波器都可找到其对应的 Farrow 结构。使用 Farrow 结构插值出正确的采样值,必须给出第 k 个符号正确的插值基点 m_k 和插值间隔 μ_k,环路中的控制器就负责确定 m_k 和 μ_k,把这些信息提供给插值器使用。控制器的作用就是确定内插基点 m_k 和插值间隔 μ_k。以线性内插器、立方内插器和抛物线内插器三种常用内插滤波器为例,记 $C_i(\mu_k)$ 为插值滤波器的系数。

线性内插的系数为

$$C_{-1}(\mu_k) = \mu_k, C_0(\mu_k) = 1 - \mu_k \qquad (3-82)$$

立方内插的系数为

$$\begin{cases} C_{-2}(\mu_k) = \frac{1}{6}\mu_k^3 - \frac{1}{6}\mu_k, C_{-1}(\mu_k) = -\frac{1}{2}\mu_k^3 + \frac{1}{2}\mu_k^2 + \mu_k \\ C_0(\mu_k) = \frac{1}{2}\mu_k^3 - \mu_k^2 - \frac{1}{2}\mu_k + 1, C_1(\mu_k) = -\frac{1}{6}\mu_k^3 + \frac{1}{2}\mu_k^2 - \frac{1}{3}\mu_k \end{cases}$$

$$(3-83)$$

抛物线内插的系数为

$$\begin{cases} C_{-2}(\mu_k) = a\mu_k^2 - a\mu_k, C_{-1}(\mu_k) = -a\mu_k^2 + (a+1)\mu_k \\ C_0(\mu_k) = -a\mu_k^2 + (a-1)\mu_k + 1, C_1(\mu_k) = a\mu_k^2 - a\mu_k \end{cases} \qquad (3-84)$$

图 3-51 和图 3-52 分别为 3 种内插滤波器的脉冲响应和频率响应,由频率响应可以看出,立方插值滤波器通带平坦且阻带衰减最大,$a=0.5$ 抛物线内插滤波器比立方滤波器稍差。

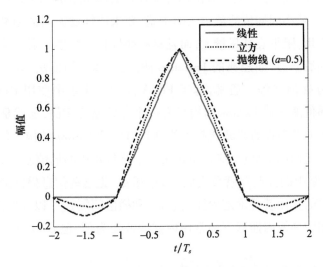

图 3-51　内插滤波器的脉冲响应

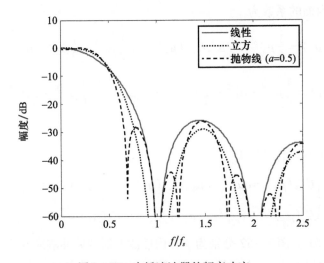

图 3-52　内插滤波器的频率响应

实际信号的插值间隔 μ_k 显示了 Gardner 算法跟踪信号符号速率的过程,Gardner 算法无论在原理上还是在结构上都比较简单,使用乘法器少,许多操作可以使用移位代替乘法器。Gardner 算法较适合于硬件实现。

插值滤波器的硬件实现有许多研究,系统采用 Farrow 结构,$\beta=0.5$ 的分段抛物线内插滤波器,环路滤波器的 c_1、c_2 取 2 的幂次,故可以使用移位来代替乘法,实现环路滤波。VHDL 程序实现如下:

w < = w + TO_STDLOGICVECTOR(TO_BITVECTOR((time_error&
"00000000000000000000000000000000")
- (time_error_old&"00000000000000000000000000000000")) SRA 5)
+ TO_STDLOGICVECTOR(TO_BITVECTOR(time_error &
"00000000000000000000000000000000") SRA 16)

式中;w 为 64 位 std_logic_vector 型变量,time_error 和 time_error_old 为提取的定时误差,都是 32 位。增加 32 位的'0' bit 位,可以避免移位造成的精度损失。

3.6.4 系统测试

为验证解调系统性能,搭建了试验测试环境,对系统的整体解调性能进行测试。测试场景如图 3 - 53 所示。

图 3 - 53 测试场景示意图

信号回放设备 D/A 转换器(DAC)输出通过射频线缆连接解调系统,将高增益定向天线采集到的高信噪比导航信号通过信号回放设备进行回放,解调系统对接收到的射频信号进行模拟变频至中频后,使用 A/D 转换器(ADC)对其进行数字化采样,并经过载波恢复、定时恢复、BOC 解码等步骤后,输出解调得到的传输码流,然后通过以太网传输至后端服务器进行统计和分析。图 3 - 54 所示为系统解调结果,系统能够实现接收信号的有效解调。

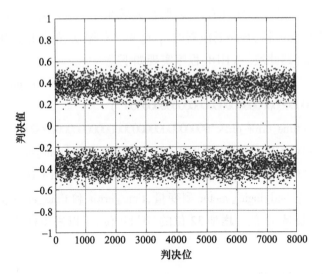

图 3-54 系统解调结果

3.7 小 结

本章探讨了未知扩频码 BOC 调制导航信号传输码流的获取方法,首先对 BPSK 调制信号的盲解调技术进行了介绍,在此基础上,分析了基于盲解调的未知扩频码码流重构方法,包括直接解调算法、基于累加增强的副载波剥离的解调算法和基于已知码型信号辅助的解调算法,对上述算法的基本原理进行了介绍,对各算法的性能进行了仿真分析,最后设计并实现了基于硬件可编程平台的解调系统,给出了详细的设计实现方案。

参 考 文 献

[1] 张公礼. 全数字接收机理论与技术[M]. 北京:科学出版社,2005.

[2] 李彤,沈兰荪. 全数字接收机的结构及关键技术[J]. 电信科学,1995,11(2):25-31.

[3] 陈俊秀. 基于软件无线电的调制解调系统关键技术研究[D]. 2010.

[4] Jeffrey. H. Reed. 软件无线电-无线电工程的现代方法[M]. 北京:人民邮电出版社,2004.

[5] 吕晶,黄葆华. 全数字接收机中的多速率信号处理技术[J]. 电信科学,1998,14

(11):14-16.

[6] 张亚男,张公礼,杨小牛. 全数字接收机中一种改进的内插滤波器[J]. 通信技术, 2003(5):41-43.

[7] 刘晋东. 基于FPGA的软件无线电平台硬件链路的研究与实现[D]. 北京:北京邮电大学,2014.

[8] 楼才义,徐建良,杨小牛. 软件无线电原理与应用[M]. 北京:电子工业出版社,2014.

[9] B. F. Boroujeny. Near optimum timing recovery algorithm of all Digital receiver[J]. IEEE Trans Comm,1990,38(9):1023-1028.

[10] 王娜. 全数字接收机中的快速定时恢复问题[J]. 北京邮电大学学报:自然科学版, 2006,29(5):107-110.

[11] K. H. Mueller,M. S. Muller. Timing Recovery in Digital Synchronous Data Receivers[J]. IEEE Transactions on Communication,1976,24:516-531.

[12] Floyd M. Gardner. A BPSK/QPSK Timing-Error Detector for Sampled Recovers[J]. IEEE Transactions on Communications,1986,34(05):423-429.

[13] Gardner F M. Interpolation in Digital Modems-Part I:Fundamentals[J]. IEEE Transactions on Communications,1993,41(3):501-507.

[14] L. Erup,F. M. Gardner,R. A. Harris. Interpolation in Digital Modems-Part II:Implementation and Performance[J]. IEEE Transactions on Communications,1993,41(6):998-1008.

[15] Y. F. Peng,D. Kong,F. Zhou. Design and Implementation of a Novel Area-Efficient Interpolator[J]. Chinese journal of semiconductors,2006.7(27):1164-116.

[16] 樊平毅,冯重熙. 全数字接收机中插值滤波器的设计:全响应线性调制信号的插值问题[J]. 电子科学学刊,1997,19(2):217-223.

[17] J. P. Seymour,M. P. Fitz. Two-stage carrier synchronization techniques for nonselective fading[J]. IEEE Transactions on Vehicular Technology,1995,44(1):103-110.

[18] 郑大春,项海格. 一种全数字QAM接收机符号定时和载波相位恢复方案[J]. 通信学报,1998,19(7):83-87.

[19] 樊平毅,冯重熙. 全数字接收机中一种载波相位恢复的新方法[J]. 通信学报, 1992,13(6):30-37.

[20] 袁清升,陈慧,徐定杰,等. 全数字接收机中的载波恢复算法研究[J]. 哈尔滨工程大学学报,2002,23(5):57-61.

第4章
基于同步重构滞后的信号捕获、跟踪、定位方法

本章设计了基于同步重构滞后的信号捕获、跟踪、定位全过程处理的接收机模拟系统,结构如图4-1所示。系统的输入包括全向天线采集的低信噪比卫星导航信号、本地码生成分系统利用高增益天线采集数据所解调的本地码和导航电文,输出定位结果。

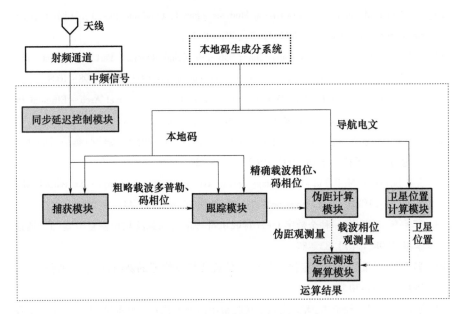

图4-1 接收机模拟系统结构

第4章 基于同步重构滞后的信号捕获、跟踪、定位方法

4.1 时间同步

4.1.1 需求分析

卫星导航接收机在捕获和跟踪处理过程中,利用本地码码流与卫星信号进行相关运算,获得卫星与接收机间的伪距,进而完成定位处理。伪距是通过计算卫星信号的发射时间与接收机接收时间的差值来获得的。前述的同步重构滞后的处理技术,通过高增益天线获取高信噪比卫星导航信号,利用盲解调方法解调得到未知扩频码的码流作为接收设备本地码,完成信号的捕获与跟踪。在没有密钥的条件下,仅通过解调无法得到时间信息,因此需要利用公开已知码型信号与同频未知码型信号的同步关系,通过解调导航电文上调制的时间信息,标记解调的扩频码码流对应的卫星信号发射时间。时间同步的处理还可用于辅助捕获和跟踪。

时间同步的处理过程为同步解调低信噪比信号中的导航电文和高增益信号解调的已知码型信号码码流中调制的导航电文,利用每个子帧头内的周内时(TOW)参数以及码相位同步子帧起点位置,然后找到对应加密码扩频码流,与相应低信噪比信号中的子帧起点位置处的信号进行相干累加,完成信号的引导捕获,处理流程如图4-2所示。

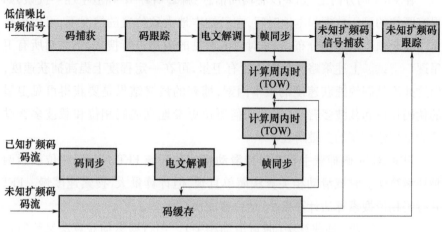

图4-2 时间同步处理过程流程图

4.1.2 捕获流程

捕获[1-4]的目的是搜索信号中包含的可见卫星,对每一个可见卫星找到它的起始点码相位和载波多普勒频率,因此捕获可以认为是一个三维的搜索:第一维是从 PRN 码的方向上(可见的卫星),第二维是从伪码相位上,第三维是从多普勒频率方向上,如图 4-3 所示。

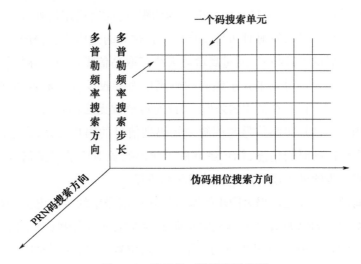

图 4-3 捕获的三维搜索示意图

在 PRN 码方向上,如果没有辅助信息,就必须对 32 颗卫星逐一搜索,如果有既往的星历数据和本地时间,在已知本地大致位置的情况下,可以推算出当前天顶上星座的分布,只需对目前可见的卫星进行搜索,不需对所有卫星逐一尝试。上述策略避免遍历所有卫星,可在一定程度上提高捕获速度,但这并不是制约捕获速度的根本因素,捕获的最终结果是要获得可见卫星的伪码相位和载波多普勒,因此如何更快更准地完成码相位和载波多普勒搜索是快速捕获的关键所在。

目前,C/A 码捕获主要有时域滑动相关和频域 FFT 并行码相位搜索两种搜索算法。时域滑动相关算法简单直观,但计算量大,搜索速度慢。FFT 并行码相位搜索算法计算量小,运行速度快。

(1)串行搜索捕获算法(时域滑动相关)。串行搜索捕获算法又称时域滑动相关算法,是最原始最直观的捕获算法,串行搜索顺序如图 4-4 所示。

搜索时码相位的增量一般不能大于1/2个码片(图4-4中为了说明方便使用1/2码片),为了有较好的码相位搜索精度,通常码相位的增量为一个采样点(通常小于1/4码片)。捕获时所用的数据长度一般为1ms的整数倍,至少为1ms,因此决定了多普勒载频搜索步长至少为1kHz,步长越小,搜索的灵敏度越高,获得的多普勒频率越准确,但是计算量相应增大,延长了搜索时间,因此0.5kHz步长是一个较好的折中。搜索的顺序如图4-4所示,先设定载频为IF-10kHz,对所有的码相位从左向右搜索一遍,每个码相位下进行一次相关运算,因此从左向右搜索一遍共得到2046个相关值;然后载频增加0.5kHz,再对所有的码相位从左向右搜索一遍,又得到2046个相关值,按次序从左向右、从上向下依次搜索,搜索完成后,共得到21×2046=42966个相关值,从这些相关值中找出最大值,判断是否超出检测门限,若超出检测门限,则该值所对应的码相位和载波多普勒就是搜索的结果。按照图4-4中的步进设置和搜索顺序,完成一颗卫星的码相位和载波多普勒搜索,总搜索次数为42966次。

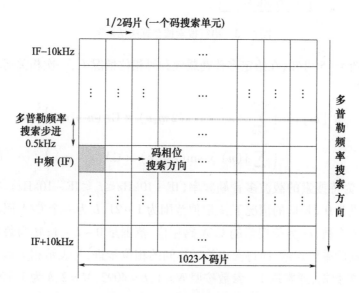

图4-4 串行搜索顺序示意图

串行搜索捕获算法结构图如图4-5所示,从图中可以看出捕获算法结构包括本地载波发生器、本地伪码发生器、I路和Q路乘法器、积分器以及相应的控制电路。中频输入信号首先和本地载波的 sin( ) 和 cos( ) 分量相乘,得到 I 和 Q 分量,然后再分别和本地伪码在某个伪码相位处作相关运算,最后由积分器给出积分结果,积分的时间为 1ms 的整数倍,也就是整数倍的码周期。控制电路控制本地载波的频率,在某一个固定的载波频率处,滑动本地伪码相位,相位的滑动范围为 1~1023 个码片,滑动步进至少为 1/2 个码片(通常为一个数据采样点)。对于每一个载波频率和伪码相位,I 和 Q 积分器输出相关结果。

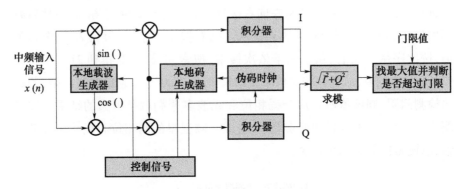

图 4-5 串行搜索捕获算法结构图

由图 4-5 可知,在给定多普勒载频和码相位情况下,一次相关运算的计算公式为

$$R^2[m] = \left(\sum_{n=0}^{NL/M} x(n) \times \cos(2\pi f_k n) \times CA(n+m)\right)^2 + \left(\sum_{n=0}^{NL/M} x(n) \times \sin(2\pi f_k n) \times CA(n+m)\right)^2 \quad (4-1)$$

其中:f_k 为待搜索的载波多普勒频率(IF $-$ 10kHz $\leqslant f_k \leqslant$ IF $-$ 10kHz),在载波搜索步进为 0.5kHz 的情况下,k 取值范围为 1~21;L 为一个 C/A 码周期内采样点的个数;m 为待搜索的 C/A 码相位,范围是 0~L-1;M 为每次滑动相关移动的采样点数,即每次相关运算间的相位步进;N 表示相关运算中使用 Nms 的数据,通常取 1。参数按照 $N=1, L=4092, M=2, k$ 为 1~21 取值情况下,一次串行捕获的乘法次数为 2046×2×2+2=8186,加法的次数为 2046×2+1=4193,完成一颗卫星的码相位和载波多普勒搜索所需的乘法计算次数为 42966×8186=351719676,所需的加法次数为 42966×4193=180156438,由此可见串行搜索捕获算法的计算量是非常大的。

第4章 基于同步重构滞后的信号捕获、跟踪、定位方法

(2) FFT 并行搜索捕获算法。具体内容见 3.6.1 节。

对串行捕获算法来说,假设一个 C/A 周期内有 N 个采样点,码相位搜索的间隔为一个采样点,那么本地伪码的采样信号每滑动一个采样周期就要计算一次相关结果,需要进行 N 次相乘和 $N-1$ 次相加运算,一般将一个相乘和一个相加运算称为一个 FLOPS,考虑到每一个采样点就需要计算一次相关值,于是要计算所有的 N 个采样数据点,总共需要 N 个 FLOPS;而对于FFT 并行搜索捕获算法而言,上述算法流程中的步骤④将给出全部 N 个采样数据点对应的相关结果,所以需要的全部运算量大致就是 3 个 FFT 的运算量,即 $3N\log N$ 个 FLOPS,更进一步说,本地伪码的 FFT 可以事先算好,保存在接收机的存储器里,从而进一步减少实际所需的计算量。

(3) 多普勒精细频率获取。在完成码相位和载波频率搜索后,得到的码相位精度在一个码片之内,可以直接传递给跟踪环路,但得到的载波频率精度通常在几百赫量级,无法直接传递给跟踪环路(跟踪环路所需的载波频率初始值精度通常在几十赫量级),因此还需进行载波多普勒精细频率的获取。精细频率的获取目前主要有两种措施:一种是在捕获时进一步减小频率搜索步进;另一种是在起始码相位捕获的基础上,对 10ms 以上的原始数据进行解扩,得到连续单载波数据,对连续单载波数据进行傅里叶变换,从而得到载波的频率值。

由于载波多普勒的搜索与码相位的搜索是同时完成的,若只完成码相位的搜索(本地 C/A 码通过滑动与输入信号起始码相位对齐,并通过乘法器对输入信号完成 C/A 码剥离),得到信号为中频连续载波信号,但它相对于积分器的积分时间 $T_s(T_s \geqslant 1\text{ms})$ 来说依然是高频信号,积分器输出不会得到很高的峰值。积分器的时间 T_s 通常为 1ms 的整数倍(即一个 C/A 码周期)。假设本地 C/A 码通过滑动已经完全和输入信号的码相位对准,并通过相乘完成伪码剥离,在此条件下,积分器的输出值与载波多普勒的搜索误差的关系可表示为

$$\overline{P} = P_s T_s^2 \text{sinc}^2(\Delta\omega T_s) \qquad (4-2)$$

式中:$\overline{P}$ 为积分器输出;P_s 为信号功率;$\Delta\omega$ 为载波多普勒搜索误差。

T_s 分别选择 1ms、2ms、5ms 情况下载波多普勒频率误差与积分器输出功率的关系如图 4-7 所示。图 4-7 中对纵轴进行归一化处理,纵轴为

· 81 ·

$\bar{P}/P_s T_s^2$，横轴为载波多普勒频率误差。从图4-7可以看出，载波多普勒频率搜索步进最大值与积分时长为反比关系。例如，对于1ms的积分时长来说，载波多普勒的搜索步进至少为1kHz，对于2ms的积分时长来说，搜索步进至少为0.5kHz，否则就可能漏掉信号。从图4-7中还可得出，频率误差越小，积分器输出的相关峰就越高。因此，可以减小搜索步进来获取更准确的载波多普勒频率。但值得注意的是，当误差小到一定程度时，就越来越接近积分器输出最高值，误差的减小对相关峰值的影响越来越不明显。以1ms积分时长为例，当频率搜索步长为100Hz（频率误差为100Hz），对应的相关器输出值为0.967，当频率步搜索步长为50Hz（频率误差为50Hz），对应的相关器输出值为0.991，因此在频率误差小于百赫量级时，对相关峰的影响很小，所以无法通过减小频率搜索步长来获得更准确的载波多普勒频率。减小频率步长存在的另一问题是计算量的增加。

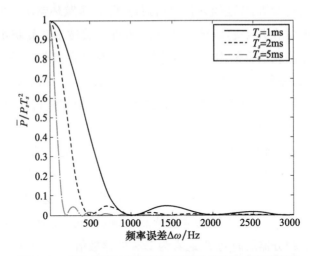

图4-7 载波多普勒频率误差对积分器输出功率的影响

长数据FFT获取精细频率的方法是在完成粗载频和码相位搜索的基础上，使用起始码相位对长度超过10ms的原始数据进行伪码剥离，剥离伪码后的数据变成了连续的单载波数据，对连续单载波数据进行FFT到频域，此时频域的最大值对应的频率就是单载波的频率。因为离散傅里叶变换（DFT）的频域分辨率与数据时长成倒数关系，10ms的数据变换到频域可获得100Hz分辨率的频率。为了获得更为准确的频率（由跟踪环路载波环的频率误差决定),通常需要 20ms(50Hz 分辨率)甚至 50ms(10Hz 分辨率)的数据。因为 GPS 数据的采样率通常大于 5MHz,50ms 长度的数据至少有 250000 个采样点,进行如此大长度的 FFT 比较耗时,对捕获的速度造成较大的影响。

改进的载波多普勒精细频率获取算法是一种使用相邻两段数据的相位差对单载波频率进行估计的方法。以具体例子对该方法的原理进行说明:假设有 2ms 时长的连续单载波数据 $x(n)$,该数据的采样率为 f_s,长度为 $2N$,且目前已知这个连续单载波频率的一个近似值 $\hat{f}$,$\hat{f}$ 与连续单载波的准确频率 f 值有大概几百赫的误差;将这段 2ms 的连续单载波数据分割成两个 1ms 的数据段 $x_1(n)$ 和 $x_2(n)$,将这两段数据做 DFT:

$$X_1(k) = \sum_{n=0}^{N-1} x_1(n) e^{-j\frac{2\pi}{N}nk} \quad X_2(k) = \sum_{n=0}^{N-1} x_2(n) e^{-j\frac{2\pi}{N}nk} \quad (4-3)$$

式中:$k = \dfrac{\hat{f}}{f_s} \times N$。与一般傅里叶变换不同的是,这里的 k 通常不是一个整数,是带有小数点的,如 1238.64;DFT 后得到 $X_1(k)$ 和 $X_2(k)$ 两个值均为复数,这两个复数的相位角 $\hat{\theta}_1$ 和 $\hat{\theta}_2$ 即为这两段连续载波初始相位的估计值(因为 DFT 时使用的频率是近似值,所以得到的载波相位也只是估计值)。相位计算公式为

$$\hat{\theta}_1 = \arctan\left\{\frac{\mathrm{Im}[X_1(k)]}{\mathrm{Re}[X_1(k)]}\right\}, \hat{\theta}_2 = \arctan\left\{\frac{\mathrm{Im}[X_2(k)]}{\mathrm{Re}[X_2(k)]}\right\} \quad (4-4)$$

因为 $x(n)$ 为连续单载波数据,所以相位也是连续的,若公式中的 DFT 使用的频率是准确的载波频率值 f,$\hat{\theta}_1$ 与 $\hat{\theta}_2$ 应该是完全相等的,但是公式中的 DFT 使用的频率是 f 的估计值 $f_s(f=f_s+\Delta f)$,所以必然可以得到

$$\Delta f t = \hat{\theta}_1 - \hat{\theta}_2 \quad (t=1\mathrm{ms}) \quad (4-5)$$

由式(4-5)可以算出相位角差和时间近似值与真确值的误差,将近似值按照误差修正就可以得到正确的载波频率值。近似频率可由捕获过程中的粗载频提供。

改进后的多普勒精细频率获取算法,只需做两个 k 值固定的 DFT,计算量为 $2N$ 个 FLOPS,远小于传统的长数据 FFT 精频捕获算法。

4.1.3 码跟踪流程

跟踪一个信号的基本方法是建立一个围绕输入信号并跟随它的窄带滤波器。当输入信号的频率随时间而变化时,滤波器的中心频率必须跟随信号而变化。在实际的跟踪过程中,窄带滤波器的中心频率是固定的,但是有一个本振信号跟随着输入信号频率变化。输入信号和本振信号的相位通过相位鉴别进行比较。相位鉴别器的输出通过一个窄带滤波器。由于跟踪电路的带宽很窄,与捕获方法相比,灵敏度相对要高。

以 GPS 信号为例,当一个 GPS 信号中存在由 C/A 码引起的载波相位变化时,必须首先将码剥离。跟踪程序将跟随信号,获得导航数据信息。如果GPS 接收机是静态的,由于卫星运动而产生的频率变化是非常缓慢的,本振信号的频率变化也是缓慢的,所以,跟踪环路的修正速率也是慢的。为了剥离 C/A 码,需要另一个环路。这样,为了跟踪一个 GPS 信号,需要两个跟踪环。一个环是用来跟踪载波频率的,称为载波环,程序中载波环采用 PLL 环。另一个用来跟踪 C/A 码,称为码环,程序中码环采用 DLL 环。

(1) 跟踪方法[5-8]。PLL 环的输入是连续波(CW)或调频信号,VCO 的频率是受控的,以跟踪输入信号的频率。在 GPS 接收机中,输入是 GPS 信号,锁相环必须跟踪这个信号。然而,GPS 信号是双相编码的信号。为了跟踪 GPS 信号,必须去除 C/A 码信息。结果,跟踪一个 GPS 信号需要两个锁相环。一个环跟踪 C/A 码,另一个跟踪载波频率。这两个环必须要相互连在一起。

图 4-8 所示为 C/A 码跟踪结构框图,C/A 码锁相环产生 3 个输出:一个超前码、一个延迟码和一个即时码。即时码与数字化输入信号相作用,从输入信号中将 C/A 码去除。去除 C/A 码就是将 C/A 码和输入信号以合适的相位相乘。输出将会是一个 CW 信号,其中仅存在着由导航数据引起的相位跃变。这个信号被用作载波环的输入。载波环的输出信号是一个频率为输入信号载波频率的 CW 信号。这个信号被用来从数字化输入信号中去除载波信号,也就是用这个信号与输入信号相乘。输出信号是只包含 C/A 码而没有载波频率的信号,载波频率就是码环的输入。

捕获程序确定 C/A 码的开始。码环产生超前的和延迟的 C/A 码,这两种码通常是由 C/A 码经过时移而得到的，时移大约为半个码元(0.489μs)。超前和延迟码与输入 C/A 码进行相关，产生两个输出。每个输出通过一个移动平均滤波器，然后进行平方。将两个经过平方的信号进行比较，产生一个控制信号，来调节本地 C/A 码的速率，与输入的 C/A 码信号相匹配。本地 C/A 码就是即时 C/A 码，它被用来从数字化输入信号中去除载波信号。

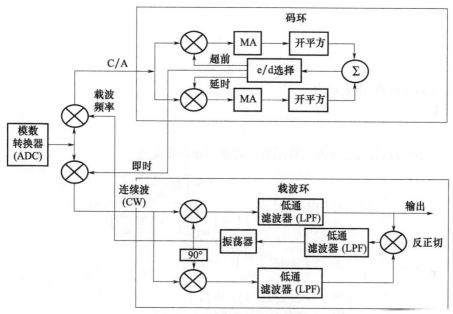

图 4-8　C/A 码跟踪结构框图

载波频率环输入一个 CW 信号，该信号仅被导航数据进行过相位调制，因为 C/A 码已经从输入信号中剥离了。捕获程序确定载波频率的初始值。压控振荡器(VCO)根据从捕获程序得到的数值产生载波频率。这个信号被分为两路：一路直接信号，一路经过 90°相移的信号。这两个信号与输入信号进行相关。相关器的输出经过滤波，然后，通过一个反正切(arctangent)比较器，将它们的相位差鉴别出来。比较器的输出又经过滤波，产生一个控制信号。这个控制信号被用来调节振荡器，产生一个跟随输入 CW 信号的载波频率。这个载波频率也用来从输入信号中去除载波信号。

(2) 锁相环设计。程序中锁相环采用二阶环，其设计原理如下。

二阶锁相环转移函数 $H(s)$ 是二阶函数。二阶锁相环中的滤波器是：

$$F(s) = \frac{s\tau_2 + 1}{s\tau_1} \tag{4-6}$$

转移函数就变为

$$H(s) = \frac{\dfrac{k_0 k_1 \tau_2 s}{\tau_1} + \dfrac{k_0 k_1}{\tau_1}}{s^2 + \dfrac{k_0 k_1 \tau_2 s}{\tau_1} + \dfrac{k_0 k_1}{\tau_1}} \equiv \frac{2\zeta\omega_n s + \omega_n^2}{s^2 + 2\zeta\omega_n s + \omega_n^2} \tag{4-7}$$

式中:ω_n 是固有频率,可表示为

$$\omega_n = \sqrt{\frac{k_0 k_1}{\tau_1}} \tag{4-8}$$

ζ 是阻尼因数,可表示为

$$2\zeta\omega_n = \frac{k_0 k_1 \tau_2}{\tau_1} \text{ 或 } \zeta = \frac{\omega_n \tau_2}{2} \tag{4-9}$$

$H(s)$ 的分母是 s 的二阶函数。可求出噪声带宽为

$$B_n = \int_0^\infty |H(\omega)|^2 df = \frac{\omega_n}{2\pi} \int_0^\infty \frac{1 + \left(2\zeta\dfrac{\omega}{\omega_n}\right)^2}{\left[1 - \left(\dfrac{\omega}{\omega_n}\right)^2\right]^2 + \left(2\zeta\dfrac{\omega}{\omega_n}\right)^2} d\omega$$

$$= \frac{\omega_n}{2\pi} \int_0^\infty \frac{1 + 4\zeta^2 \left(\dfrac{\omega}{\omega_n}\right)^2}{\left(\dfrac{\omega}{\omega_n}\right)^4 + 2(2\zeta^2 - 1)\left(\dfrac{\omega}{\omega_n}\right) + 1} d\omega = \frac{\omega_n}{2}\left(\zeta + \frac{1}{4\zeta}\right) \tag{4-10}$$

误差转移函数为

$$H_e(s) = 1 - H(s) = \frac{s^2}{s^2 + 2\zeta\omega_n s + \omega_n^2} \tag{4-11}$$

当输入为 $\theta_i(s) = 1/s$ 时,误差函数为

$$\varepsilon(s) = \frac{s}{s^2 + 2\zeta\omega_n s + \omega_n^2} \tag{4-12}$$

稳态误差为

$$\lim_{t\to\infty}\varepsilon(t) = \lim_{s\to 0} s\varepsilon(s) = 0 \tag{4-13}$$

当输入为 $\theta_i(s) = 1/s^2$ 时,误差函数为

$$\varepsilon(s) = \frac{1}{s^2 + 2\zeta\omega_n s + \omega_n^2} \tag{4-14}$$

稳态误差为

$$\lim_{t\to\infty}\varepsilon(t) = \lim_{s\to 0}s\varepsilon(s) = 0 \qquad (4-15)$$

跟踪处理流程如图4-9所示,根据捕获得到的扩频码相位生成超前、即时和滞后三路本地扩频码;根据捕获得到的载波频率,生成I、Q两路正交载波;然后将C/A码与载波相乘,生成本地信号;本地信号与输入信号进行相关累加;根据超前支路和滞后支路的相关值获得扩频码相位误差,滤波后生成本地C/A码调整信号;根据即时支路I、Q两路相关值获得载波频率和相位误差,滤波后生成本地载波调整信号。

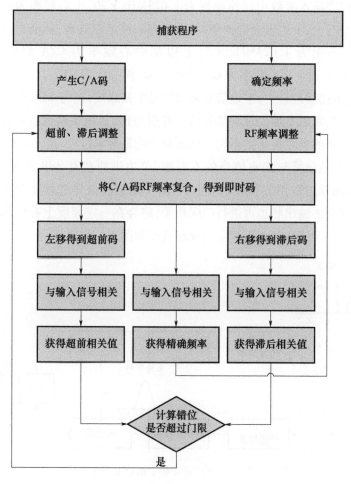

图4-9　跟踪软件处理流程图

4.2 未知扩频码 BOC 调制信号捕获技术

4.2.1 单边带和双边带捕获

当信号两个主瓣带有相同的信息时,在捕获程序设计中,可以将两个主瓣作为一个信号来处理,也可以对上边带或下边带分别进行捕获处理,然后再进行非相干累加。两个主瓣作为一个信号处理时,本地码进行副载波调制,捕获程序输入参数中码速率视为 1.023MHz×20,中心频率为已知码型码中心频率;上、下边带分别处理时,没有副载波调制处理,捕获程序输入参数中码速率视为 1.023MHz×5,上边带中心频率为 C/A 码中心频率 10.23MHz,下边带中心频率为 C/A 码中心频率 −10.23MHz。

单边带捕获过程中,本地信号采用的是正弦载波,这与 BOC 信号方波副载波不一致,因而本地信号与接收信号有所差别,其相关函数也只有一个主峰,这与信号的自相关函数不同。然而对于能量搜索过程,这并不重要。

由于本地信号与接收信号的不匹配,单边带捕获有 3dB 的相关损失。但如果利用双边带相关器同时对上、下两个副载波信号进行非相干捕获处理,两个通路的输出相加再进行门限检验,将会在一定程度上补偿 3dB 的相关损失。上、下边带非相干捕获的处理流程如图 4-10 所示。

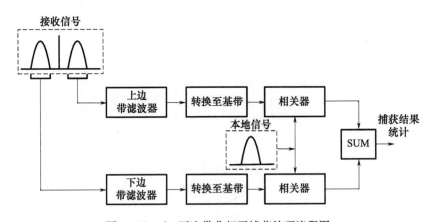

图 4-10 上、下边带非相干捕获处理流程图

第4章 基于同步重构滞后的信号捕获、跟踪、定位方法

4.2.2 捕获算法设计

在捕获算法上,有串行搜索和FFT并行搜索两种策略,由于FFT并行搜索的速度快,通常采用该算法。如果搜索到的最大相关值超过了设定的门限,则判定卫星信号存在并以最大相关值对应的频率和相位值为初始条件开始进行伪码和载波跟踪。

如果输入信号经过线性时不变系统,输出可以通过时域卷积或频域的傅里叶变换得到。如果系统的脉冲响应是$h(t)$,输入信号是$x(t)$,通过卷积可得到输出$y(t)$:

$$y(t) = \int_{-\infty}^{\infty} x(t-\tau)h(\tau)d\tau = \int_{-\infty}^{\infty} x(\tau)h(t-\tau)d\tau \quad (4-16)$$

通过傅里叶变换可得到$y(t)$的频域响应:

$$Y(f) = \int_{-\infty}^{\infty} \int_{-\infty}^{\infty} x(\tau)h(t-\tau)d\tau e^{-j2\pi ft}dt$$

$$= \int_{-\infty}^{\infty} x(\tau)(\int_{-\infty}^{\infty} h(t-\tau)e^{-j2\pi ft}dt)d\tau \quad (4-17)$$

变量转换$t-\tau=u$,可得到

$$Y(f) = \int_{-\infty}^{\infty} x(\tau)(\int_{-\infty}^{\infty} h(u)e^{-j2\pi fu}du)e^{-2\pi f\tau}d\tau$$

$$= H(f) \int_{-\infty}^{\infty} x(\tau)e^{-j2\pi f\tau}d\tau = H(f)X(f) \quad (4-18)$$

为了得到时域输出,对$Y(f)$求傅里叶反变换,其结果为

$$y(t) = x(t) * h(t) = F^{-1}[X(f)H(f)] \quad (4-19)$$

式中:*代表卷积;F^{-1}代表傅里叶反变换。

我们可以得到一个相似的关系,那就是频域卷积等于时域的相乘。这两个关系可写为

$$\begin{cases} x(t) * h(t) \leftrightarrow X(f)H(f) \\ X(f) * H(f) \leftrightarrow x(t)h(t) \end{cases} \quad (4-20)$$

这就是傅里叶变换中卷积的对偶性。

这个概念可用于离散时域,但它的意义与连续时域不同。响应$y(n)$可表示为

$$y(n) = \sum_{m=0}^{N-1} x(m)h(n-m) \quad (4-21)$$

式中:$x(m)$是输入信号;$h(n-m)$是离散时域的系统响应。

应当看到,在式(4-21)中,$h(n-m)$中的时移是循环的,因为离散操作是周期的。对式(4-21)取 DFT,结果为

$$
\begin{aligned}
Y(k) &= \sum_{n=0}^{N-1}\sum_{m=0}^{N-1} x(m)h(n-m)e^{(-j2\pi kn)/N} \\
&= \sum_{m=0}^{N-1} x(m)\left[\sum_{n=0}^{N-1} h(n-m)e^{(-j2\pi(n-m)k)/N}\right]e^{(-j2\pi mk)/N} \\
&= H(k)\sum_{m=0}^{N-1} x(m)e^{(-j2\pi mk)/N} \\
&= X(k)H(k)
\end{aligned}
\quad (4-22)
$$

式(4-22)称为周期卷积或圆周卷积。它的结果与线性卷积不同。

捕获运算不用卷积,而用相关,它与卷积不同。$x(n)$和$y(n)$之间的相关可写为

$$
z(n) = \sum_{m=0}^{N-1} x(m)h(n+m) \quad (4-23)
$$

如果对$z(n)$进行 DFT,结果为

$$
\begin{aligned}
Z(k) &= \sum_{n=0}^{N-1}\sum_{m=0}^{N-1} x(m)h(n+m)e^{(-j2\pi kn)/N} \\
&= \sum_{m=0}^{N-1} x(m)\left[\sum_{n=0}^{N-1} h(n+m)e^{(-j2\pi(n+m)k)/N}\right]e^{(j2\pi mk)/N} \\
&= H(k)\sum_{m=0}^{N-1} x(m)e^{(j2\pi mk)/N} \\
&= H(k)X^{-1}(k)
\end{aligned}
\quad (4-24)
$$

这里$X^{-1}(k)$代表 DFT 反变换。式(4-24)也可写为

$$
Z(k) = \sum_{n=0}^{N-1}\sum_{m=0}^{N-1} x(n+m)h(m)e^{(-j2\pi kn)/N} = H^{-1}(k)X(k) \quad (4-25)
$$

如果$x(n)$是实数,$x(n)* = x(n)$,*表示复共轭。用这个关系,$Z(k)$的模可写为

$$
|Z(k)| = |H*(k)X(k)| = |H(k)X*(k)| \quad (4-26)
$$

这个关系可用来得到输入信号和本地产生信号的相关,这种捕获方法即为 FFT 并行搜索。

4.2.3 处理流程

首先,输入数据与本地生成的载波信号混频后进行 FFT 运算,同时对本

地生成的扩频码 FFT 处理后进行共轭运算;然后,将两个 FFT 运算结果相乘,计算结果进行反 FFT 处理,取模后得出当前载波频率条件下所有扩频码相位的相关结果。控制逻辑根据捕获的策略和门限,判别捕获运算结果,同时控制本地载波和伪码发生器的信号生成。图 4-11 给出了 FFT 并行搜索算法的结构框图。具体步骤如下。

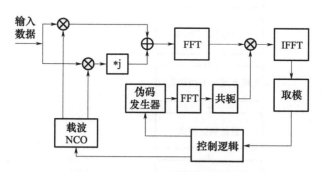

图 4-11　FFT 并行搜索算法结构框图

步骤一:根据采集的导航信号和解调的码流参数完成捕获程序的初始化。

步骤二:准备 1ms 的导航信号和码流。

步骤三:对码流进行 FFT 运算,然后取复共轭。

步骤四:初始化捕获运算结果的二维矩阵,有 M 行、N 列,M 表示频率搜索区间,N 表示 1ms 导航数据的采样点数。

步骤五:所有频率区间的一维搜索,包括如下具体步骤。

(1)根据搜索的频率区间参数生成本地复载波。

(2)导航信号与生成的本地复载波相乘,完成载波剥离操作。

(3)载波剥离后数据进行 FFT 运算。

(4)步骤(3)中运算结果与步骤二中运算结果相乘。

(5)步骤(4)的结果进行 IFFT 运算。

(6)搜索的频率区间参数 $i+1$,判断 i:若 $i<M$,则返回步骤(1)继续运行;否则频率区间的二维搜索结束。

步骤六:取二维矩阵中最大值。

步骤七:取最大值对应的码相位中噪声的均值。

步骤八:取最大值与噪声均值的比值,若高于门限则捕获成功,进行频率精搜后,保存扩频码相位和载波频率;否则捕获失败,进行下颗卫星信号的捕获。

捕获算法的流程如图 4-12 所示。

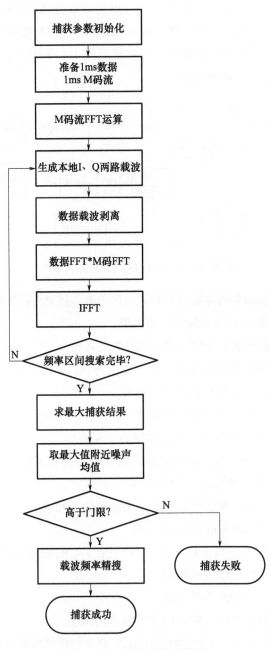

图 4-12 信号捕获流程图

4.2.4 信号捕获试验

为了验证所提捕获算法的效果,利用15m高增益天线和普通天线同步采集了GPS PRN32号卫星L1频点(1575.42MHz)的信号,采集所用的高增益天线如图4-13所示。PRN32号卫星属于最新的Block ⅡF卫星,于2016年3月9日发射,信号采集时俯仰角为71.9°。采用IQ复采样方式进行信号采集,采样频率设为81.48MHz,下变频中心频率设为0MHz,采集信号的频谱如图4-14所示。低信噪比数据的采集频率为240MHz,下变频中心频率为185.42MHz。

图4-13 GPS高增益信号采集天线

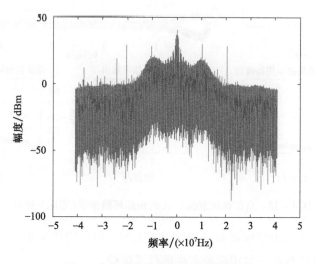

图4-14 采集的高增益信号频谱图

在时间同步过程中,首先利用 C/A 码软件接收机对高信噪比数据进行捕获、跟踪处理,解调 C/A 码调制的导航电文,找到采集数据中导航电文的第一个子帧起点位置,对应的周内时参数为 371382。图 4-15 和图 4-16 分别给出了 C/A 码软件接收机对高信噪比和低信噪比数据跟踪环路积分值、载波鉴相器输出、码鉴相器输出和导航电文解析的结果。通过 GPS M 码码速率与采样频率的对应关系,确定了子帧起点位置对应的 GPS M 码相位。对于普通天线采集的低信噪比数据,同样利用 C/A 码软件接收机进行了捕获、跟踪和导航电文解调处理,找到周内时参数为 371382 的子帧起点位置,完成时间同步处理,后续利用相应位置数据与对应的 GPS M 码流进行相关运算,得到 GPS M 码信号的捕获和相关结果。

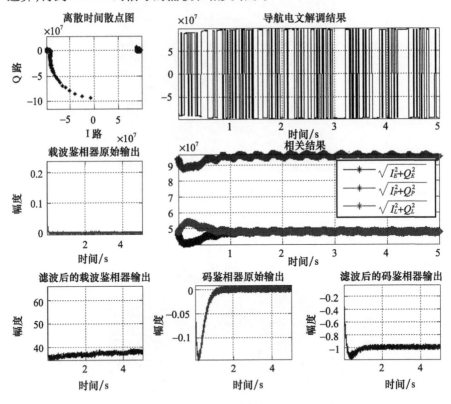

图 4-15　高信噪比数据 C/A 码跟踪环路结果(彩图见插页)

为了比较双边带捕获和单边带捕获性能,利用同步采集的高信噪比数据与低信噪比数据分别用两种方法进行了试验。

第4章 基于同步重构滞后的信号捕获、跟踪、定位方法

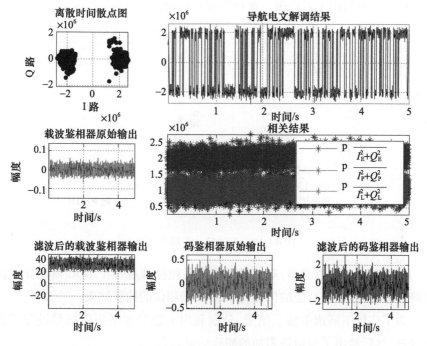

图 4-16 低信噪比数据 C/A 码跟踪环路结果(彩图见插页)

利用子帧起点开始的 1ms 低信噪比数据与解调获得的 GPS M 码码流进行了双边带捕获,频率搜索的区间为 -7~7kHz,步进 500Hz,图 4-17 给出了基于 FFT 并行搜索的二维捕获结果。

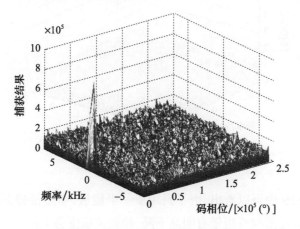

图 4-17 双边带二维捕获结果

· 95 ·

图4-18给出了双边带一维频率维和码相位维的捕获结果。

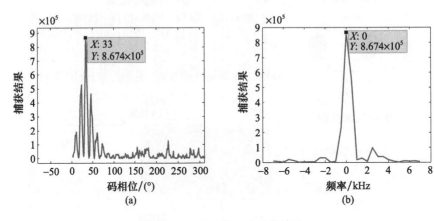

图4-18 双边带一维捕获结果

从捕获结果可以看出,双边带捕获在码相位维展现了BOC调制导致的多峰特性,以最高峰对应的位置为GPS M码相位的捕获结果。

为了比较不同边带捕获结果,分别利用上边带和下边带信号进行了捕获处理,然后给出了双边带累加的捕获结果。

图4-19给出了上边带信号的二维捕获结果。

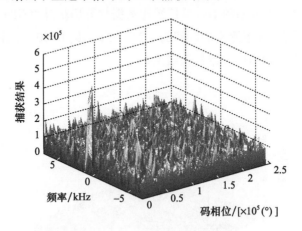

图4-19 上边带二维捕获结果

从图4-19中可以看出,由于只用了一半能量,单边带捕获的相关峰幅度与噪声幅度比值较双边带有明显下降,捕获灵敏度会下降。

图4-20给出了上边带信号一维频率维和码相位维的捕获结果。

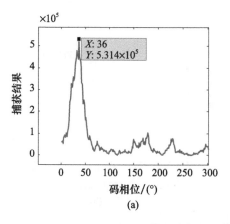
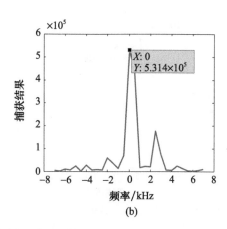

图 4-20　上边带一维捕获结果

从图 4-20 中可以看出,相关峰值与噪声的比值较双边带捕获明显下降,码相位维只有一个相关峰,但由于 BOC 调制的影响,相关峰的平坦性较常规的 BPSK 调制的扩频信号有了一定畸变,但捕获结果是正确的。

图 4-21 给出了下边带信号二维捕获结果。

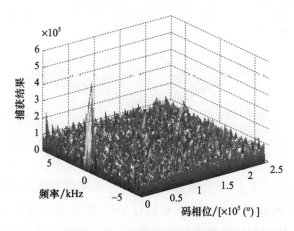

图 4-21　下边带二维捕获结果

图 4-22 给出了下边带信号一维频率维和码相位维的捕获结果。

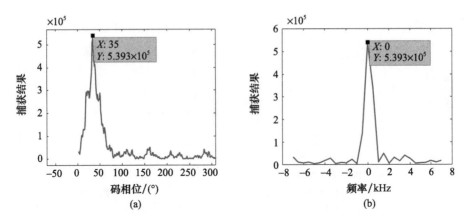

图4-22 上边带一维捕获结果

图4-23给出了上、下边带二维捕获值累加后的结果。

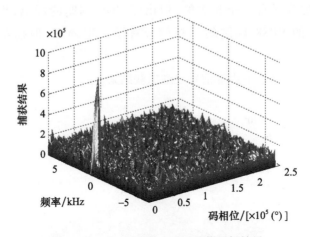

图4-23 上、下边带二维捕获值累加结果

图4-24给出了上、下边带累加后码相位维和频率维的结果。

在GPS M码载波频率精确搜索过程中,应用长数据进行FFT的方法获取精细频率。使用起始码相位对长度超过10ms的原始数据进行伪码剥离,剥离伪码后的数据变成了连续的单载波数据,对连续单载波数据进行FFT变换到频域,此时频域的最大值对应的频率就是单载波的频率。图4-25给出了GPS M码载波频率精确搜索结果。

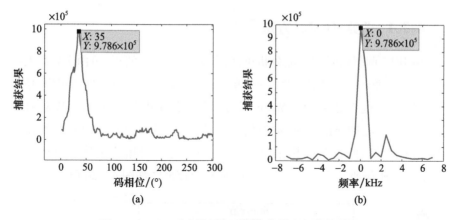

图4-24 上、下边带累加后码相位维和频率维结果

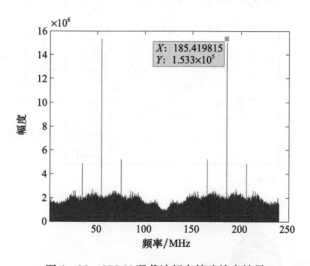

图4-25 GPS M码载波频率精确搜索结果

由于采集信号为实信号,因此FFT运算结果关于FS/2对称分布(FS为采样频率)。10ms长数据FFT频率分辨率为100Hz,比捕获过程中500Hz频率步进小了很多,可以适应跟踪环路入锁的要求。

4.3 未知扩频码BOC调制信号跟踪技术

BOC信号的跟踪方法主要包括"类BPSK"方法、"副载波相位消除"方法和"峰值跳跃"方法。

4.3.1 "类BPSK"方法[9-10]

由 BOC 调制信号的性能分析可知,其载波频率上的正、负两个副载波信号可以看作两个 BPSK 信号,通过一对单边带相关器能够分别对两个 BPSK 信号进行捕获。这也就是 Nicolas Martin 等提出的"类 BPSK"方法(The BPSK – like Technique)。在捕获过程中,本地信号与接收信号进行相关,两者的相关函数与 BPSK 信号的相关函数相似,且具有对称性。当相关函数值取得最大时,即表明捕获到了信号。"类 BPSK"捕获原理框图如图 4 – 26 所示。

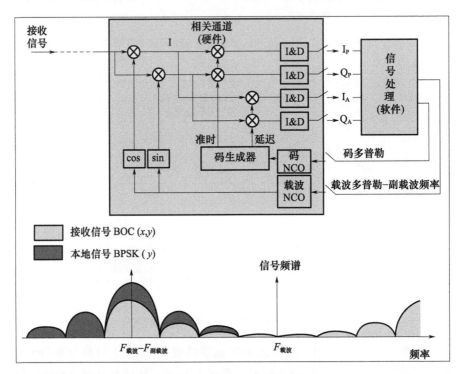

图 4 – 26 "类 BPSK"捕获原理框图

在"类 BPSK"捕获方法中,本地信号采用的是正弦载波,这与 BOC 信号方波副载波不一致,因而本地信号与接收信号有所差别,其相关函数也只有一个主峰,这与信号的自相关函数不同。然而对于能量搜索过程,这并不重要。

由于本地信号与接收信号的不匹配,"类 BPSK"捕获方法有 3dB 的相关损失。但如果利用双边带相关器同时对上、下两个副载波信号进行非相干捕获处理,两个通路的输出相加再进行门限检验,将会在一定程度上补偿 3dB 的相关损失。

假设接收到的 BOC 信号为

$$s(t) = \sqrt{P} c(t-\tau) sc(t-\tau) e^{j\varphi(t)} \tag{4-27}$$

式中：$\varphi(t) = 2\pi f_D t + \theta$；$P$ 为信号功率；τ 为信号传播延时；f_D 为多普勒频率；$c(t)$ 为伪随机噪声码；$sc(t)$ 为 BOC 的副载波信号；$\varphi(t)$ 为信号相位。
则信号分别通过上边带滤波器 $h_H(t)$ 和下边带滤波器 $h_L(t)$ 的输出为

$$\begin{cases} Y_H(t_d) = \dfrac{1}{T_P} \displaystyle\int_{t_d-T_P}^{t_d} \sqrt{P} s_H(t-\tau) e^{j\varphi(t)} c(t-\hat{\tau}) e^{j\hat{\varphi}_H(t)} dt + n_{Y_H}(t_d) \\ Y_L(t_d) = \dfrac{1}{T_P} \displaystyle\int_{t_d-T_P}^{t_d} \sqrt{P} s_L(t-\tau) e^{j\varphi(t)} c(t-\hat{\tau}) e^{j\hat{\varphi}_L(t)} dt + n_{Y_L}(t_d) \end{cases} \tag{4-28}$$

其中

$$\begin{cases} s_H(t) = c(t) \cdot sc(t) * h_H(t) \\ s_L(t) = c(t) \cdot sc(t) * h_L(t) \\ \hat{\varphi}_H(t) = 2\pi(-\hat{f}_D - f_{sc})t - \hat{\theta} \\ \hat{\varphi}_L(t) = 2\pi(-\hat{f}_D - f_{sc})t - \hat{\theta} \end{cases}$$

$$\begin{cases} n_{Y_H}(t_d) = \dfrac{1}{T_P} \displaystyle\int_{t_d-T_P}^{t_d} [n(t) * h_H(t)] c(t-\hat{\tau}) e^{j\hat{\varphi}_H(t)} dt \\ n_{Y_L}(t_d) = \dfrac{1}{T_P} \displaystyle\int_{t_d-T_P}^{t_d} [n(t) * h_H(t)] c(t-\hat{\tau}) e^{j\hat{\varphi}_L(t)} dt \end{cases}$$

则

$$\begin{cases} Y_H(t_d) = \sqrt{P} R_{s_H, r_H}(\varepsilon_\tau) \mathrm{sinc}(\pi \Delta f T_P) e^{j\varepsilon_\theta} + n_{Y_H}(t_d) \\ Y_L(t_d) = \sqrt{P} R_{s_L, r_L}(\varepsilon_\tau) \mathrm{sinc}(\pi \Delta f T_P) e^{j\varepsilon_\theta} + n_{Y_L}(t_d) \end{cases} \tag{4-29}$$

其中

$$\begin{cases} r_H(t) = c(t-\hat{\tau}) e^{-j2\pi f_{sp} t} \\ r_L(t) = c(t-\hat{\tau}) e^{j2\pi f_{sp} t} \\ \Delta f = f_D - \hat{f}_D \\ \varepsilon_\theta = \theta - \hat{\theta} \\ \varepsilon_\tau = \tau - \hat{\tau} \end{cases}$$

$R_{s_H,r_H}(\varepsilon_\tau)$、$R_{s_L,r_L}(\varepsilon_\tau)$ 分别为 $s_H(t)$、$r_H(t)$ 和 $s_L(t)$、$r_L(t)$ 的相关函数。于是，就可以得到同相、正交通路的输出为

$$\begin{cases} I_H(t_d) = \sqrt{P} R_{s_H,r_H}(\varepsilon_\tau) \text{sinc}(\pi \Delta f T_P) \cos(\varepsilon_\theta) + n_{I_H}(t_d) \\ Q_H(t_d) = \sqrt{P} R_{s_H,r_H}(\varepsilon_\tau) \text{sinc}(\pi \Delta f T_P) \sin(\varepsilon_\theta) + n_{Q_H}(t_d) \\ I_L(t_d) = \sqrt{P} R_{s_L,r_L}(\varepsilon_\tau) \text{sinc}(\pi \Delta f T_P) \cos(\varepsilon_\theta) + n_{I_L}(t_d) \\ Q_L(t_d) = \sqrt{P} R_{s_L,r_L}(\varepsilon_\tau) \text{sinc}(\pi \Delta f T_P) \sin(\varepsilon_\theta) + n_{Q_L}(t_d) \end{cases} \quad (4-30)$$

式中：$n_{I_H}(t_d)$、$n_{Q_H}(t_d)$、$n_{I_L}(t_d)$、$n_{Q_L}(t_d)$ 为相互独立的高斯噪声。
则输出的检测信号为

$$\begin{cases} S_H(t_d) = I_H^2(t_d) + Q_H^2(t_d) \\ \quad = P R_{s_H,r_H}^2(\varepsilon_\tau) \text{sinc}^2(\pi \Delta f T_P) + n_{I_H}^2(t_d) + n_{Q_H}^2(t_d) + \\ \quad 2\sqrt{P} R_{s_H,r_H}(\varepsilon_\tau) \text{sinc}(\pi \Delta f T_P)(\cos(\varepsilon_\theta) n_{I_H}(t_d) + \sin(\varepsilon_\theta) n_{Q_H}(t_d)) \\ S_L(t_d) = I_L^2(t_d) + Q_L^2(t_d) \\ \quad = P R_{s_L,r_L}^2(\varepsilon_\tau) \text{sinc}^2(\pi \Delta f T_P) + n_{I_L}^2(t_d) + n_{Q_L}^2(t_d) + \\ \quad 2\sqrt{P} R_{s_L,r_L}(\varepsilon_\tau) \text{sinc}(\pi \Delta f T_P)(\cos(\varepsilon_\theta) n_{I_L}(t_d) + \sin(\varepsilon_\theta) n_{Q_L}(t_d)) \end{cases}$$
$$(4-31)$$

如果采样上下通道相加输出，则检测信号为

$$\begin{aligned} S(t_d) &= S_H(t_d) + S_L(t_d) \\ &= P \text{sinc}^2(\pi \Delta f T_P)[R_{s_H,r_H}^2(\varepsilon_\tau) + R_{s_L,r_L}^2(\varepsilon_\tau)] + \\ &\quad n_{I_H}^2(t_d) + n_{Q_H}^2(t_d) + n_{I_L}^2(t_d) + n_{Q_L}^2(t_d) + \\ &\quad 2\sqrt{P} R_{s_H,r_H}(\varepsilon_\tau) \text{sinc}(\pi \Delta f T_P)(\cos(\varepsilon_\theta) n_{I_H}(t_d) + \\ &\quad \sin(\varepsilon_\theta) n_{Q_H}(t_d)) + 2\sqrt{P} R_{s_L,r_L}(\varepsilon_\tau) \text{sinc}(\pi \Delta f T_P) \\ &\quad (\cos(\varepsilon_\theta) n_{I_L}(t_d) + \sin(\varepsilon_\theta) n_{Q_L}(t_d)) \end{aligned} \quad (4-32)$$

4.3.2 副载波相位消除方法(SCPC)[11-12]

由于噪声和干扰的存在，判断相关主峰和副峰是比较困难的，这将导致跟踪到错误相关主峰，并最终得到不正确的信号到达时间(TOA)。副载波相位消除方法(The Sub Carrier Phase Cancellation Technique)可以正确判断

相关主峰和副峰,进行无模糊的捕获。首先产生同相和正交的本地副载波信号,分别与接收信号进行相关,两路相关值平方后相加输出,即得到重建的自相关函数,实现过程如图4-27所示。副载波相位消除法的捕获原理框图与图4-26所示基本相同,只是将图4-26中本地码发生器更换为同相副载波码发生器和正交副载波码发生器,两者分别产生延迟、准时、提前三路信号,并分别与输入信号进行相关。

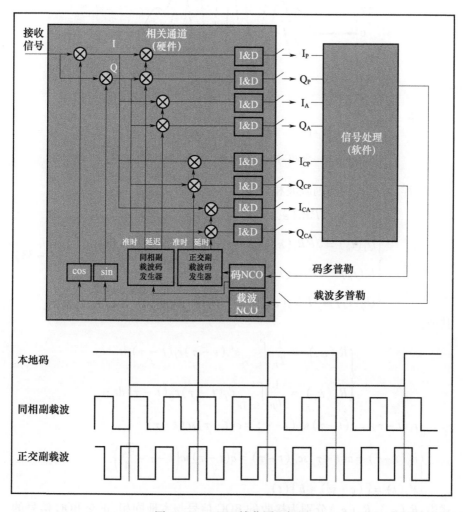

图4-27 SCPC捕获原理框图

图 4-28 为副载波相位消除方法中同相、正交自相关函数以及重建的自相关函数。

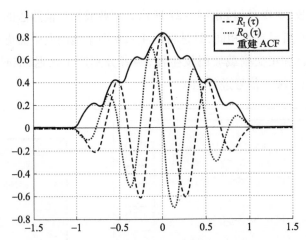

图 4-28 SCPC 捕获自相关函数(同相/正交/重建)

同样,可计算得到副载波相位消除方法的相关器输出为

$$\begin{cases} I_I(t_d) = \sqrt{P} R_I(\varepsilon_\tau) \mathrm{sinc}(\pi \Delta f T_P) \cos(\varepsilon_\theta) + n_{I_I}(t_d) \\ Q_I(t_d) = \sqrt{P} R_I(\varepsilon_\tau) \mathrm{sinc}(\pi \Delta f T_P) \sin(\varepsilon_\theta) + n_{Q_I}(t_d) \\ I_Q(t_d) = \sqrt{P} R_Q(\varepsilon_\tau) \mathrm{sinc}(\pi \Delta f T_P) \cos(\varepsilon_\theta) + n_{I_Q}(t_d) \\ Q_Q(t_d) = \sqrt{P} R_Q(\varepsilon_\tau) \mathrm{sinc}(\pi \Delta f T_P) \sin(\varepsilon_\theta) + n_{Q_Q}(t_d) \end{cases} \quad (4-33)$$

其中,

$$\begin{cases} R_I(\varepsilon_\tau) = \dfrac{1}{T_P} \int_{t_d-T_P}^{t_d} s'_f(t-\tau) r_I(t-\hat{\tau}) \mathrm{d}t \\ R_Q(\varepsilon_\tau) = \dfrac{1}{T_P} \int_{t_d-T_P}^{t_d} s'_f(t-\tau) r_Q(t-\hat{\tau}) \mathrm{d}t \end{cases}$$

$$\begin{cases} r_I(t-\hat{\tau}) = c(t-\hat{\tau}) sc_I(t-\hat{\tau}) = c(t-\hat{\tau}) sc(t-\hat{\tau}) \\ r_Q(t-\hat{\tau}) = c(t-\hat{\tau}) sc_Q(t-\hat{\tau}) = c(t-\hat{\tau}) sc\left(t-\hat{\tau}-\dfrac{T_{sp}}{4}\right) \\ s'_f(t) = [(c \cdot sc) * h](t) \end{cases}$$

式中:$R_I(\varepsilon_\tau)$、$R_Q(\varepsilon_\tau)$ 分别为接收的 BOC 信号与本地同相、正交 BOC 信号的互相关函数;$r_I(t-\hat{\tau})$、$r_Q(t-\hat{\tau})$ 分别为本地同相、正交 BOC 信号;$s'_f(t)$ 为接收的 BOC 信号。

其输出检测信号为

$$\begin{aligned}
S(t_d) &= I_I^2(t_d) + I_Q^2(t_d) + Q_I^2(t_d) + Q_Q^2(t_d) \\
&= P\text{sinc}^2(\pi\Delta fT_P)[R_I^2(\varepsilon_\tau) + R_Q^2(\varepsilon_\tau)] + n_{I_I}^2(t_d) + n_{Q_I}^2(t_d) + \\
&\quad n_{I_Q}^2(t_d) + n_{QQ}^2(t_d) + 2\sqrt{P}R_I(\varepsilon_\tau)\text{sinc}(\pi\Delta fT_P)(\cos(\varepsilon_\theta)n_{I_I}(t_d) + \\
&\quad \sin(\varepsilon_\theta)n_{Q_I}(t_d)) + 2\sqrt{P}R_Q(\varepsilon_\tau)\text{sinc}(\pi\Delta fT_P)(\cos(\varepsilon_\theta)n_{Q_L}(t_d) + \\
&\quad \sin(\varepsilon_\theta)n_{QQ}(t_d))
\end{aligned} \quad (4-34)$$

4.3.3 峰值跳跃方法(BJ)[13-15]

峰值跳跃方法(The Bump Jumping Technique)通过测量、比较当前跟踪的相关峰与相邻相关峰的接收功率,从而向左或向右跳到更高功率的相关峰上,直到找到最大能量的相关峰。这种方法在传统环路的三个相关通路(提前、即时、滞后)基础上,又增加了两个相关通路(超前、超迟),超前/超迟相关器与即时相关器的间距为半个副载波周期,即相关器间距为一个相关峰的距离,实现过程如图4-29所示。"峰值跳跃方法"捕获原理框图与图4-26的区别是将图4-26中本地码发生器更换为副载波码发生器,分别产生超前、提前、准时、延迟、超迟五路信号,并分别与输入信号进行相关。

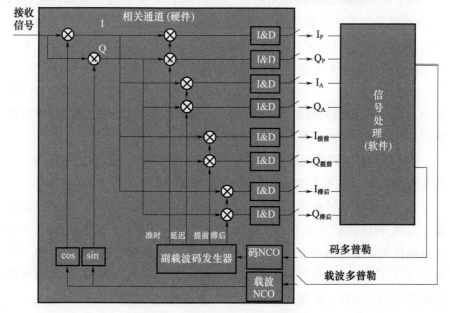

图4-29 峰值跳跃方法捕获原理框图

提前、滞后相关器用于对某一个相关峰的跟踪,而超前、超迟相关器则分别用于监视即时相关峰左、右两边相关峰的幅度,如图4-30所示。实际上,该算法利用了计数器辅助进行相关峰幅度的比较。在一个积分累加周期,当超前或超迟相关器监测的相关峰幅度大于即时相关峰时,其对应的计数器加1,而另一个计数器则减1。如果即时相关峰幅度最大时,超前、超迟相关器对应的计数器均减1。当任一个计数器值增加到某一设定的门限值时,跟踪环路就会跳转到新的相关峰,继续进行测量、比较,而计数器会全部重置为0。

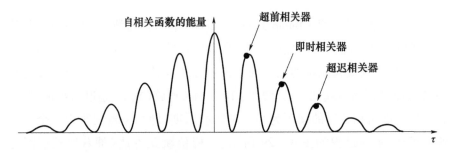

图4-30 峰值跳跃方法超前、即时、超迟相关示意图

由于峰值跳跃方法在利用超前、即时、超迟相关器进行相邻相关峰测量、比较时用到了计数器,这使其理论分析变得非常复杂。如果用类似早迟环的平方鉴别器,对超前、超迟相关输出也采用平方鉴别器,则可以大大简化理论分析。这一平方鉴别器的S曲线为

$$D = VE^2 - VL^2 \quad (4-35)$$

式中:VE^2为超前相关输出平方值;VL^2为超迟相关输出平方值。该平方鉴别器的S曲线如图4-31所示。

由于即时相关器是跟踪在相关峰上,而超前、即时、超迟相关间距为一个相关峰的距离,因此平方鉴别器工作时只在图4-31中的各个圆点上有值。

在由信号捕获转换到信号跟踪的过程中,峰值跳跃方法具有较好的性能。然而,峰值跳跃方法不能直接用于能量搜索,但可以通过对超前、即时通路各自相关输出的平方和$VE^2 + P^2$来完成信号能量的搜索。如图4-32所示,将超前、即时通路各自的相关输出值平方后再进行相加运算,即可得到能量的相关函数。根据这一相关函数,可以进行无模糊的信号捕获。

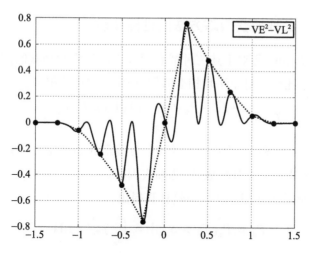

图4-31 峰值跳跃方法平方鉴别器的 S 曲线

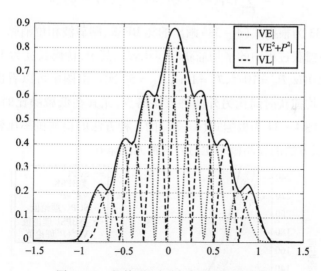

图4-32 超前/即时平方方法的相关函数

峰值跳跃方法的相关器输出表达式与副载波相位消除方法类似,不同的是峰值跳跃方法中的本地 BOC 信号分别为

$$\begin{cases} r_P(t-\hat{\tau}) = c(t-\hat{\tau})sc_I(t-\hat{\tau}) = c(t-\hat{\tau})sc(t-\hat{\tau}) \\ r_{VE}(t-\hat{\tau}) = c(t-\hat{\tau})sc_Q(t-\hat{\tau}) = c\left(t-\hat{\tau}-\frac{T_{sp}}{4}\right)sc\left(t-\hat{\tau}-\frac{T_{sp}}{4}\right) \end{cases}$$

$$(4-36)$$

4.3.4 三种捕获跟踪方法的性能比较

Vincent Heiries 等对上述三种捕获跟踪方法的平均捕获时间、检测概率等性能进行了比较。对于平均捕获时间,可由下式计算得出:

$$\overline{T}_{acq} = \frac{2 + (2 - P_d)(N_t - 1)(1 + k_p P_{fa})}{2P_d} T_p N_{nc} \quad (4-37)$$

式中:P_d 为检测概率;P_{fa} 为虚警概率;N_t 为搜索的不确定范围;T_p 为相关积分时间;N_{nc} 为非相关积分次数;k_p 为损失因子。

对于检测概率,可由式(4-38)计算得出:

$$P_d = P_r[T_1 > S_{acq}] = \int_{S_{acq}}^{\infty} p_{T_1}(\lambda) d\lambda \quad (4-38)$$

式中:$p_{T_1} = \frac{T_1}{\sigma_n^2}, T_1 = \sum_{k=1}^{N_{nc}} [I_1^2(k) + Q_1^2(k) + I_2^2(k) + Q_2^2(k)]$。

图 4-33 为根据式(4-38)画出的类 BPSK、副载波相位消除、峰值跳跃方法分别在捕获过程中的平均捕获时间比较。其中,伪码长度为 1023,多普勒频偏为 250Hz,$P_{fa} = 10^{-3}$,$T_p = 1\text{ms}$,$N_{nc} = 50$ 次。由图中可以看出,峰值跳跃方法的平均捕获时间比另外两种方法略少,尤其在低载噪比时这一优势更为明显。图 4-34 为根据式(4-38)的 3 种方法的检测概率比较,可以看出,峰值跳跃方法的检测概率比另外两种方法略好。

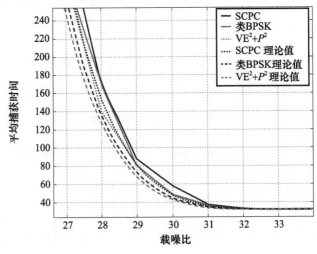

图 4-33 平均捕获时间与载噪比的关系比较(彩图见插页)

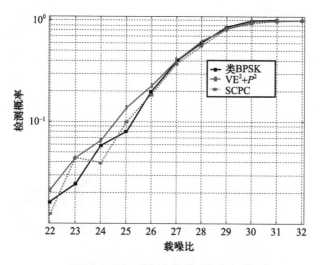

图4-34 检测概率与载噪比的关系比较(彩图见插页)

三者性能虽有差异,但差别比较小,且"类 BPSK"较容易实现,因此后续分析中将只针对"类 BPSK"方法进行。

4.4 未知扩频码 BOC 调制信号定位解算技术

在进行定位解算时利用获得的扩频码相位,结合已知码型导航信号导航电文解算出接收机位置信息。

4.4.1 导航电文解调

导航电文是用户用来定位和导航的数据基础,是包含有关卫星的星历、历书、工作状态、时间系统、星钟运行状态、轨道摄动改正、大气折射改正等导航信息的数据码(或 D 码)。这些信息以 50bit/s 的数据流调制在载频上,数据采用不归零的二进制码。

导航电文是二进制文件,它的基本单位为"帧",按"帧"向外发送,每一数字帧导航电文长 1500bit,播送速率为 50bis,所以发送一主帧(页)电文需要 30s 时间。每主帧导航电文包括 5 个子帧,每个子帧长 6s。每子帧由 10 个字组成,每个字为 30bit,也就是每一子帧共含 300bit 电文。一套完整的导航电文由 25 个主帧(页)组成,共 37500bit,要 750s 才能传完,即 12.5min。

第1、2、3子帧播放该卫星的广播星历及卫星钟修正参数,其内容每小时更新一次。第4、5子帧播放所有空中GPS卫星的历书(卫星的概略坐标),完整的历书占25帧,要12.5min播完,其内容只有在地面注入站注入新的导航数据才更新。为了记载多颗卫星的星历,规定子帧4、5含有25页,子帧1、2、3与子帧4、5的每一页均构成一帧电文。如图4-35所示为导航电文格式。

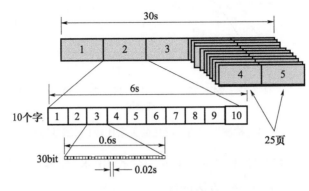

图4-35 导航电文格式

导航电文的内容可分为遥测码(TLW)、转换码(HOW)、第一数据块、第二数据块和第三数据块5部分,下面分别简要给予说明。

(1)遥测码(TLW)。每一子帧第一个字码是遥测码,作为捕获导航电文的前导。遥测码长30bit,每6s重复出现在数据帧中,并且位于各个子帧的开头,它用来表明卫星注入数据的状态。遥测码开头的1~8bit码(10001001),为各子帧提供一个同步的起点,是捕捉导航信息的前导,随后的9~22bit是遥测电文,其内容包括地面注入数据的状态信息、诊断信息和其他信息等,指导用户是否选用该卫星,第23~24bit是连接码,第25~30bit为奇偶检查码,用于发现错误和纠正错误,确保正确地传送导航电文。

(2)转换码(HOW)。每个子帧的第二个字码是转换码,主要用来为用户提供必要的信息以实现从捕获的C/A码到P码捕获的转换,即Z计数。具体码位定义如下:第1~17bit表示为卫星时间计数器,称为Z计数,表示从每星期六、星期日午夜零时起算的1.5s的累计数,范围为0~4032000。因为每个星期开始时刻(零点)P码的两个子码x1与x2同时置于初始状态,因此知道了Z计数,就可以知道下一个x1子码初始状态开始时刻和x2相应状态,便可较快地捕获到 P 码。第 18bit 表明卫星注入电文后是否发生卫星姿态调整。第 19bit 是卫星同步指示,用于指示数据帧的时间是否与子码 x1 钟时间一致。第 20~22bit 是子帧识别标志,主要用于判断 HOW 当前处于 5 个子帧中的哪一个。第 23、24bit 为无意义的连接位。第 25~30bit 为奇偶校验码。

(3)第一数据块。第一子帧的第 3~10 个字码被定义为第一数据块,主要内容包括:标识码,时延差改正,指明载波 L2 的调制波类型,星期序号,卫星的健康状况等;数据龄期;卫星时钟改正系数。其中第 61~70bit 给出了 GPS 周数,第 73~76bit 指明用于该卫星导航定位时所能达到的测距精度。第 77~82bit 是卫星健康状态字,其为 000000 时表示状态一切良好。第 197~204bit 是电离层延迟参数,用于修改所观测的结果,减小电离层效应影响,提高定位精度。其他还包括 L2 载波的调制类型和卫星时钟修改等参数。

卫星钟改正参数 $\alpha_0, \alpha_1, \alpha_2$ 分别表示该卫星的钟差、钟速及钟速的变化率。已知这些参数后,就可以求出任意时刻 t 的钟改正数 Δt:

$$\Delta t = \alpha_0 + \alpha_1 (t - t_{oc}) + \alpha_2 (t - t_{oc})^2 \qquad (4-39)$$

式中:参考历元 t_{oc} 为第一数据块的基准时间,从 GPS 时每星期六/星期日子夜零时起算,范围为 0~604800s。由于随着时间的推移,所给出的卫星钟改正参数的精度将随之下降,所以钟数据龄期主要是用于评价钟改正参数的可信程度。AODC = $t_{oc} - t_L$,其中 t_{oc} 表示第一块数据的参考时刻,t_L 表示计算时钟参数所作测量的最后观测时间。现时星期序号 WN 表示从 1980 年 1 月 6 日子夜零点(UTC)起算的星期数,即 GPS 星期数。

(4)第二数据块。第二数据块由导航电文的第 2 和第 3 子帧组成,它的内容为 GPS 卫星星历,它是 GPS 卫星为导航、定位播发的主要电文,可向用户提供有关计算卫星运行位置的信息。描述卫星的运行及其轨道的参数包括以下三类。

① 开普勒六参数。这六个参数为轨道半径的平方根 $\sqrt{a}$、轨道偏心率 e、轨道倾角 i_0、升交点赤经 Ω_0、近地点角距 ω、平近点角 M_0。

② 轨道摄动九参数。这九个参数为由精密星历计算得到的卫星平均角速度与按给定参数计算得到的平均角速度之差 Δn,升交点赤经的变化率

Ω'、轨道倾角变化率 i，维度幅角的余弦、正弦调和项改正的振幅 C_{uc}、C_{us}，轨道半径的余弦、正弦调和项改正的振幅 C_{rc}、C_{rs}，轨道倾角的余弦、正弦调和项的振幅 C_{ic}、C_{is}。

③ 时间二参数。包括从星期日子夜零点开始度量的星历参考时刻 t_{oe}、星历表的数据龄期 AODE，有

$$AODE = t_{oe} - t_1 \tag{4-40}$$

式中：t_1 为作预报星历测量的最后观测时间，因此 AODE 就是预报星历的外推时间长度。

(5) 第三数据块。第三数据块包括第 4 和第 5 两个子帧，其内容包括了所有 GPS 卫星的历书数据。当接收机捕获到某颗 GPS 卫星后，根据第三数据块提供的其他卫星的概略星历、时钟改正、卫星工作状态等数据，用户可以选择工作正常、位置适当的卫星，并较快地捕获到所选择的卫星。

① 第 4 子帧。第 2、3、4、5、7、8、9、10 页面提供第 25~32 颗卫星的历书；第 17 页面提供专用电文；第 18 页面给出电离层改正模型参数和 UTC 数据；第 25 页面提供所用卫星的型号、防电子对抗特征符和第 25~32 颗卫星的健康状况；第 1、6、11、12、16、19、20、21、22、23、24 页面作备用；第 13、14、15 页面为空闲页。

② 第 5 子帧。第 1~24 页面给出第 1~24 颗卫星的历书；第 25 页面给出第 1~24 颗卫星的健康状况和星期编号。在第三数据块中，第 4 和第 5 子帧的每个页面的第 3 字码，其开始的 8 个 bit 是识别字符，且分成两种形式：第 1 和第 2bit 为电文识别(DATAID)；第 3~8bit 为卫星识别(SVID)。

GPS 接收机在实现了对信号的跟踪之后，跟踪程序的输出数据，通过子帧匹配和奇偶校验，就可以转换成为导航数据。从子帧中可以得到诸如星期数这样的星历数据。根据星历数据可以确定卫星的位置。

导航电文解调及获取方法如下：

导航电文解调即把跟踪的输出数据(每 20ms)转换成 +1 和 -1(或 0)值。实现的方法是求相邻毫秒输出之差。如果这个差超过一定的门限，就判断有数据跳变。对于常规的跟踪程序，门限通常是从输出的最小预期幅度获得的。程序中门限值设为 $\pm\pi/2$。

在将跟踪程序的输出数据转换成导航数据之后，需要经过子帧匹配和

奇偶校验,来找到第一子帧的正确位置,然后就可以从导航数据中获取星历数据信息。

导航电文解调步骤如下:

(1)找到所有的导航数据跳变。

(2)校验这些转换的正确性。这些导航数据必须分隔成 20ms 的倍数。如果这些导航数据点不是发生在 20ms 的倍数处,数据中就存在错误,应该丢弃。

(3)转换成导航数据。每 20 个输出(或 20ms)转换成一个导航数据位。导航数据的符号可任意选择。导航数据指定为 +1 和 -1。

(4)经过子帧匹配和奇偶校验,来找到第 1 子帧的正确位置。

(5)将这些数据进行格式转换,获取导航电文。

导航电文解调程序软件流程如图 4-36 所示。

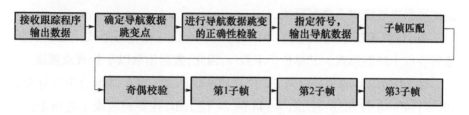

图 4-36 导航电文解调程序软件流程图

导航电文解调结果数据结构包括以下参数。

WN:星期序号,61~70 的 10 个二进位。这些数据需转换成十进制形式。这个序号是从 1980 年 1 月 5 日的午夜/1 月 6 日的早晨开始计算,其 1023 个星期循环一次。解码的时间必须和数据采集时间相匹配。

TGD:群延迟误差估计,197~204 的 8 位二相补码形式。这些数据被转换成十进制形式。

t_{oc}:卫星时钟修正位,219~234 的 16 个二进制位。这些数据被转换成十进制形式。

a_{f2}:卫星时钟修正位,241~248 的 8 位二相补码形式。这些数据被转换成十进制形式。

a_{f1}:卫星时钟修正位,249~264 的 16 位二相补码形式。这些数据被转换成十进制形式。

a_{f0}：卫星时钟修正位，271～292 的 22 位二相补码形式。这些数据被转换成十进制形式。

IODC：星钟数据号，10 位。83～84 位为最高有效位（MSB），211～218 位是最低有效位（LSB）。IODC 的 LSB 将与 2、3 子帧的星历数据号（IODE）进行比较。当这 3 个数据组不匹配时，会清空一组数据，并采集新的数据。

TOW：周时间，31～47 的 17 个二进制位。这些数据要转换成十进制形式，且时间分辨是 6s。为了转换成秒，数据须乘以 6。另一个重要因素是 TOW 并不在当前子帧，而是在下一子帧。为了获得当前子帧的时间，就必须从结果中减去 6s。

IODE：星历数据号，61～68 的 8 位。将这个位模式与第 1 子帧中的星钟数据号（IODC）的 8 个最低有效位（LSB）和第 3 子帧中的 IODE 相对比。

CRS：轨道半径的正弦谐波修正项幅度，69～84 的 16 位二相补码形式。这些数据要转换成十进制形式。

Δn：计算值的平均运动差，91～106 的 16 位二相补码形式。这些数据要转换成十进制形式。其单位是半圆/s，因此，数据须乘以 π 换算成弧度。

M_0：参考时间的平近点角，32 位二相补码形式。这些数据分为两部分，107～114 的 8 位 MSB 与 121～144 的 24 位 LSB，且要转换成十进制形式。其单位是半圆，因此，数据须乘以 π 换算成弧度。

CUC：纬度角的余弦谐波修正项幅度，151～166 的 16 位二相补码形式。这些数据要转换成十进制形式。

e_s：卫星轨道的偏心率，32 个二进制位。这些数据可分为两个部分，167～174 的 8 位 MSB 与 181～204 的 24 位 LSB，且要转换成十进制形式。

CUS：纬度角的正弦谐波修正项幅度，211～226 的 16 位二相补码形式。这些数据要转换成十进制形式。

$\sqrt{\alpha_s}$：卫星轨道长半轴的平方根，32 个二进制位。这些数据可分为两个部分，227～234 的 8 位 MSB 与 241～264 的 24 位 LSB，且要转换成十进制形式。

t_{oe}：星历数据的参考时间，271～286 的 16 位二进制格式。这些数据要转换成十进制形式。

C_{ic}：倾角的余弦谐波修正项幅度，61～76 的 16 位二相补码形式。这些数据要转换成十进制形式。

Ω_0:在每周轨道平面上升点的经度,32 位二相补码形式。这些数据可分为两部分,77～84 的 8 位 MSB 与 91～114 的 24 位 LSB,且要转换成十进制形式。单位是半圆,因此,数据须乘以 π 换算成弧度。

C_{is}:倾角的正弦谐波修正项幅度,121～126 的 16 位二相补码形式。这些数据要转换成十进制形式。

i_0:参考时间的倾角,32 位二相补码形式。这些数据可分为两部分,137～144 的 8 位 MSB 与 151～174 的 24 位 LSB,且要转换成十进制形式。单位是半圆,因此,数据须乘以 π 换算成弧度。

C_{rc}:轨道半径的余弦谐波修正项幅度,181～196 的 16 位二相补码形式。这些数据要转换成十进制形式。

ω:近地点角,32 位二相补码形式。这些数据可分为两部分,197～204 的 8 位 MSB 与 211～234 的 24 位 LSB,且要转换成十进制形式。单位是半圆,因此,数据须乘以 π 换算成弧度。

$\dot{\Omega}$:升交点变率,241～264 的 24 位二相补码形式。这些数据要转换成十进制形式。单位是半圆,因此,数据须乘以 π 换算成弧度。

IODE:星历数据号,271～278 的 8 个二进制位。将这个位模式与第 1 子帧中的星钟数据号(IODC)的 8 个最低有效位(LSB)和第 2 子帧中的 IODE 进行比较。如果不同,则数据集进行过清空,且这些数据不能再使用,需要采集新的数据。

idot:倾角的变率,279～292 的 14 位二相补码形式。这些数据得转换成十进制形式。单位是半圆,因此数据须乘以 π 换算成弧度。

4.4.2 卫星位置计算

以 GPS 为例,系统的 24 颗卫星分布在 6 个轨道平面上,每个轨道面上有 4 颗卫星。每个轨道面和赤道的夹角为 55°,就是所谓的轨道倾角。各个轨道平面之间相隔 60°,6 个轨道覆盖了全部 360°的范围。卫星的轨道半径为 26560km,在一个恒星日里围绕地球旋转 2 周。

在卫星位置计算中用到了三种近点角:平近点角 M,偏近点角 E 和真近点角 v。平近点角 M、离心率 e_s 可从卫星的导航数据中得到。偏近点角 E 可

由平近点角 M、离心率 e_s 求出。真近点角 v 可由离心率 e_s、偏近点角 E 求出。这些都是以地球中心为参照的。为了确定地球表面用户的位置，这些数据必须与一个地球表面或其上的确定点相关联。地球是不停转动的。要把将地球表面或其上的确定点作为卫星位置的参考点，必须考虑地球的自转。

最基本的方法就是采用坐标系之间的变换方法。通过坐标系变换，参考点可以移动到需要的坐标系上。不同坐标系之间的变换，由方向余弦矩阵的乘法完成。通过几个方向余弦矩阵的连乘，最终将卫星位置变换到地心地固坐标系上。具体步骤如下。

(1) 计算公式：

$$\begin{bmatrix} x_4 \\ y_4 \\ z_4 \end{bmatrix} = C_3^4 C_2^3 C_1^2 \begin{bmatrix} r\cos v \\ r\sin v \\ 0 \end{bmatrix}$$

$$= \begin{bmatrix} \cos\Omega_{er} & -\sin\Omega_{er} & 0 \\ \sin\Omega_{er} & \cos\Omega_{er} & 0 \\ 0 & 0 & 1 \end{bmatrix} \begin{bmatrix} 1 & 0 & 0 \\ 0 & \cos i & -\sin i \\ 0 & \sin i & \cos i \end{bmatrix} \begin{bmatrix} \cos\omega & -\sin\omega & 0 \\ \sin\omega & \cos\omega & 0 \\ 0 & 0 & 1 \end{bmatrix} \begin{bmatrix} r\cos v \\ r\sin v \\ 0 \end{bmatrix}$$

$$= \begin{bmatrix} \cos\Omega_{er} & -\sin\Omega_{er}\cos i & \sin\Omega_{er}\sin i \\ \sin\Omega_{er} & \cos\Omega_{er}\cos i & -\cos\Omega_{er}\sin i \\ 0 & \sin i & \cos i \end{bmatrix} \begin{bmatrix} \cos\omega & -\sin\omega & 0 \\ \sin\omega & \cos\omega & 0 \\ 0 & 0 & 1 \end{bmatrix} \begin{bmatrix} r\cos v \\ r\sin v \\ 0 \end{bmatrix}$$

$$= \begin{bmatrix} \cos\Omega_{er}\cos\omega - \sin\Omega_{er}\cos i\sin\omega & -\cos\Omega_{er}\sin\omega - \sin\Omega_{er}\cos i\cos\omega & \sin\Omega_{er}\sin i \\ \sin\Omega_{er}\cos\omega + \cos\Omega_{er}\cos i\sin\omega & -\sin\Omega_{er}\sin\omega + \cos\Omega_{er}\cos i\cos\omega & -\cos\Omega_{er}\sin i \\ \sin i\sin\omega & \sin i\cos\omega & \cos i \end{bmatrix} \cdot \begin{bmatrix} r\cos v \\ r\sin v \\ 0 \end{bmatrix}$$

$$= \begin{bmatrix} r\cos\Omega_{er}\cos(v+\omega) - r\sin\Omega_{er}\cos i\sin(v+\omega) \\ r\sin\Omega_{er}\cos(v+\omega) + r\cos\Omega_{er}\cos i\sin(v+\omega) \\ r\sin i\sin(v+\omega) \end{bmatrix} \qquad (4-41)$$

式(4-41)中有5个量 r, v, ω, i 和 Ω_{er}。

(2) 首先求得 r：
$$r = a_s(1 - e_s \cos E) \tag{4-42}$$

在式(4-42)中，必须首先从星历数据中求出 E，为了求出 r 的值必须采取以下步骤：用式 $n \Rightarrow n + \Delta n = \sqrt{\dfrac{\mu}{a_s^3}} + \Delta n$ 计算出 n，式中，μ 为常数，Δn 可从星历数据中得出；用式 $M = M_0 + n(t_c - t_{oe})$ 计算出 M，式中，M_0 和 t_{oe} 可从星历数据中得出；用式 $E = M + e_s \sin E$ 计算出 E，式中，e_s 可从星历数据中得出，这一步要用到迭代法。一旦得到 E，就可得到 r。

在以上4个步骤中，前3个步骤是为了得出 E。一旦 E 求得，就可求得修正过的 GPS 时间 t。

(3) 求真近点角 v。这个值可从下式得出：
$$\begin{cases} v_1 = \cos^{-1}\left(\dfrac{\cos E - e_s}{1 - e_s^2 \cos E}\right) \\ v_2 = \sin^{-1}\left(\dfrac{\sqrt{1 - e_s^2} \sin E}{1 - e_s \cos E}\right) \\ v = v_1 \text{sign}(v_2) \end{cases} \tag{4-43}$$

(4) 求角 ω，可从星历数据中得出。φ 值的定义为
$$\varphi = v + \omega \tag{4-44}$$

用到以下修正形式：
$$\begin{cases} \delta\varphi = C_{us}\sin 2\varphi + C_{uc}\cos 2\varphi \\ \delta r = C_{rs}\sin 2\varphi + C_{rc}\cos 2\varphi \\ \delta i = C_{is}\sin 2\varphi + C_{ic}\cos 2\varphi \end{cases} \tag{4-45}$$

其中：$C_{us}, C_{uc}, C_{rs}, C_{rc}, C_{is}, C_{ir}$ 可从星历数据中得出：
$$\begin{cases} \varphi \Rightarrow \varphi + \delta\varphi \\ r \Rightarrow r + \delta r \end{cases} \tag{4-46}$$

(5) 倾角 i 可从星历数据中得出并修正为
$$i \Rightarrow i + \delta i + \text{idot}(t - t_{oe}) \tag{4-47}$$

(6) idot 可从星历数据中得出。最后的形式为

$$\varOmega_{er} = \varOmega_e + \dot{\varOmega}(t - t_{oe}) - \dot{\varOmega}_{ie} t \qquad (4-48)$$

地球旋转速率 $\varOmega_{ie}$ 为常数，$\varOmega_e$、$\dot{\varOmega}$ 和 t_{oe} 可从星历数据中得出。值得注意的是，在以上两个式子中用到了修正后的 GPS 时间 t。

(7) 使用公式得到卫星位置。

4.4.3 伪距计算

通过测量信号传输到用户所需的时间，就能得到用户和卫星间的距离。由于用户时钟误差的影响，各个卫星的第 1 子帧到达用户接收机的时间不同，它们的差异就代表了各个卫星到用户之间距离的差异，称为相对伪距。给基准卫星任意赋初值后，各个相对伪距就代表了包含有时钟误差的卫星到用户之间的距离。

具体步骤如下：

(1) 找到第 1 子帧前面的 C/A 码起始点的索引，可以通过下面的方程完成：

$$\text{ind} = 2(\text{sfb1} - 2) + \text{integer}(\text{nav1}/10) \qquad (4-49)$$

其中：ind 是所需 C/A 码起始点的索引；sfb1 是第 1 子帧的起始点；nav1 是第一个导航数据点；integer 表示取结果的整数部分。

(2) 找到所需 C/A 码起始点与第 1 子帧起始点之间的时间。可以通过下面的方程完成：

$$\text{difms} = \text{rem}(\text{nav}/10) \qquad (4-50)$$

其中：rem 表示取括号内值的余数。与第 1 子帧起始点相对应的所需输入点可以表示为

$$\text{dat} = \text{bca}(\text{ind}) + \text{difms} \times 5000 \qquad (4-51)$$

其中：dat 为数字化输入数据点；bca 是 C/A 码的起始点。

(3) 时间的实际单位乘以光速可以转换成距离。可以这样求伪距 ρ：

$$\rho = \text{const} + \text{diff of dat} + \text{finetime} \qquad (4-52)$$

其中：$c = 299792458 \text{m/s}$ 是光速；const 为了使伪距变成正数而任意选择的常数；diff of dat 为相对传输时间；而精密时间则由跟踪程序获得。伪距及卫星位置计算流程如图 4-37 所示。

第4章 基于同步重构滞后的信号捕获、跟踪、定位方法

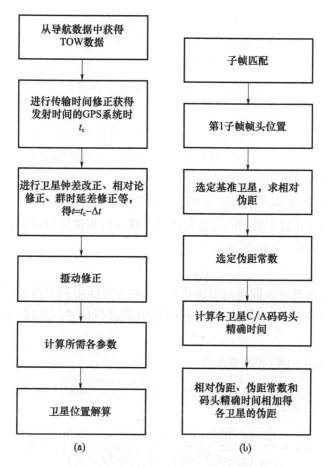

图4-37 卫星位置及伪距计算程序软件流程图

4.4.4 用户位置计算

要确定用户的位置,假设测量的距离是精确的,3颗卫星就足够了。假设有3个已知点 $r_1(x_1,y_1,z_1)$,$r_2(x_2,y_2,z_2)$,$r_3(x_3,y_3,z_3)$ 和一个未知点 $r_u(x_u,y_u,z_u)$。如果3个已知点和未知点之间的测量距离为 ρ_1,ρ_2 和 ρ_3,这些距离可以表示为

$$\rho_1 = \sqrt{(x_1-x_u)^2+(y_1-y_u)^2+(z_1-z_u)^2} \qquad (4-53)$$

$$\rho_2 = \sqrt{(x_2-x_u)^2+(y_2-y_u)^2+(z_2-z_u)^2} \qquad (4-54)$$

$$\rho_3 = \sqrt{(x_3 - x_u)^2 + (y_3 - y_u)^2 + (z_3 - z_u)^2} \quad (4-55)$$

因为有 3 个未知数和 3 个方程,所以根据这 3 个方程可以解出 x_u、y_u 和 z_u 的值。理论上,应该有两组解,因为它们是二阶方程。因为这些方程是非线性的,很难直接求解。然而,如果采用线性化和迭代法求解就相对容易一些。

GPS 工作时,卫星的位置是已知的。卫星的位置信息可从卫星发射的数据中获得。用户(未知位置)和卫星的距离必须在特定的时间同时测量。每个卫星发射的信号中都有和它有关的参考时间。通过测量信号传输到用户所需的时间,就能得到用户和卫星间的距离。

每颗卫星在特定的时间 t_{si} 发射信号。接收机在稍后的时刻 t_u 接收到信号。卫星 i 和用户之间的距离为

$$\rho_{iT} = c(t_u - t_{si}) \quad (4-56)$$

从现实的观点来讲这是很困难的,几乎不可能得到卫星或用户的正确时间。用户的时钟误差不能通过接收的信息进行修正。这样,它仍是个未知数。

因此式(4-56)必须更改为

$$\rho_i = \sqrt{(x_i - x_u)^2 + (y_i - y_u)^2 + (z_i - z_u)^2} + b_u \quad (4-57)$$

微分后结果为

$$\delta \rho_i = \frac{(x_i - x_u)\delta x_u + (y_i - y_u)\delta y_u + (z_i - z_u)\delta z_u}{\sqrt{(x_i - x_u)^2 + (y_i - y_u)^2 + (z_i - z_u)^2}} + \delta b_u$$

$$= \frac{(x_i - x_u)\delta x_u + (y_i - y_u)\delta y_u + (z_i - z_u)\delta z_u}{\rho_i - b_u} + \delta b_u \quad (4-58)$$

式中:δx_u,δy_u,δz_u 和 δb_u 被看作未知数;x_u,y_u,z_u 和 b_u 可认为是已知值,因为我们可以给这些量赋初值。

当 δx_u,δy_u,δz_u 和 δb_u 是未知数时,式(4-58)就变成了线性方程。这个过程通常称为线性化。用矩阵的形式可表示为

$$\begin{bmatrix} \delta \rho_1 \\ \delta \rho_2 \\ \delta \rho_3 \\ \delta \rho_4 \end{bmatrix} = \begin{bmatrix} \alpha_{11} & \alpha_{12} & \alpha_{13} & 1 \\ \alpha_{21} & \alpha_{22} & \alpha_{23} & 1 \\ \alpha_{31} & \alpha_{32} & \alpha_{33} & 1 \\ \alpha_{41} & \alpha_{42} & \alpha_{43} & 1 \end{bmatrix} \begin{bmatrix} \delta x_u \\ \delta y_u \\ \delta z_u \\ \delta b_u \end{bmatrix} \quad (4-59)$$

其中

$$\alpha_{i1} = \frac{x_i - x_u}{\rho_i - b_u}, \alpha_{i2} = \frac{y_i - y_u}{\rho_i - b_u}, \alpha_{i3} = \frac{z_i - z_u}{\rho_i - b_u} \qquad (4-60)$$

式(4-59)的解为

$$\begin{bmatrix} \delta x_u \\ \delta y_u \\ \delta z_u \\ \delta b_u \end{bmatrix} = \begin{bmatrix} \alpha_{11} & \alpha_{12} & \alpha_{13} & 1 \\ \alpha_{21} & \alpha_{22} & \alpha_{23} & 1 \\ \alpha_{31} & \alpha_{32} & \alpha_{33} & 1 \\ \alpha_{41} & \alpha_{42} & \alpha_{43} & 1 \end{bmatrix}^{-1} \begin{bmatrix} \delta \rho_1 \\ \delta \rho_2 \\ \delta \rho_3 \\ \delta \rho_4 \end{bmatrix} \qquad (4-61)$$

具体步骤如下。

(1) 为了得到需要的位置解,必须重复运用迭代方法。常用一个量来确定是否达到了需要的结果,这个量的定义为

$$\delta v = \sqrt{\delta x_u^2 + \delta y_u^2 + \delta z_u^2 + \delta b_u^2} \qquad (4-62)$$

当这个值小于某个预先确定的门限时结束迭代。

(2) 给用户位置和时钟偏差 x_{u0}、y_{u0}、z_{u0}、b_{u0} 设初值。例如位置设为地球中心,时钟偏差设为零。换句话说,所有的初值置为零。

(3) 使用式(4-57)计算伪距 ρ_i。这些 ρ_i 值和测量值不相同。测量值和计算值之间的差为 $\delta \rho_i$。

(4) 将计算值 ρ_i 代入式(4-60)求出 α_{i1},α_{i2},α_{i3}。

(5) 利用式(4-61)求出 δx_u,δy_u,δz_u 和 δb_u。

(6) 由 δx_u、δy_u、δz_u、δb_u 的绝对值和式(4-62)求出 δv。

(7) 将 δv 和任意选定的门限值进行比较;如果 δv 大于门限值,进行下面的步骤。

(8) 将 δx_u、δy_u、δz_u、δb_u 和 x_{u0}、y_{u0}、z_{u0}、b_{u0} 初值分别相加,得到一组位置和时钟偏差的新值,表示为 x_{u1}、y_{u1}、z_{u1}、b_{u1}。这些值作为下面计算位置和时钟偏差的初值。

(9) 重复步骤(1)~(7),直到 δv 小于门限值。最终的解可被认为是我们需要的用户位置和时钟偏差,表示为 x_u,y_u,z_u 和 b_u。

用户位置计算程序软件流程如图 4-38 所示。

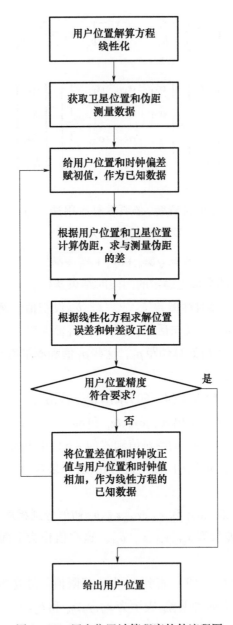

图 4-38　用户位置计算程序软件流程图

4.5 小　　结

本章设计了基于同步重构滞后的信号捕获、跟踪、定位全过程处理的接收机模拟系统,对时间同步的处理流程、信号捕获算法原理及具体实现流程、信号跟踪方法、定位解算的基本原理和导航电文格式等内容进行了详细介绍。

参考文献

[1] 张文明,周一宇,姜文利. GPS 信号捕获性能的分析[J]. 系统工程与电子技术,2002,24(10):73 – 75.

[2] 陆永彩. 多模卫星导航捕获技术研究[D]. 成都:电子科技大学,2011.

[3] 曹硕. 卫星导航信号捕获算法的研究和实现[D]. 太原:中北大学,2014.

[4] 陈实如,张京娟,孙尧. 数字化 DS/BPSK 导航接收机伪码序列捕获系统[J]. 哈尔滨工程大学学报,2003,24(2):149 – 153.

[5] 郝建军,何秋生,李辉,等. 伽利略系统 BOC 信号的特性及码跟踪方法研究[J]. 电光与控制,2007,14(4):140 – 143.

[6] 唐祖平,胡修林,黄旭方. 现代化的 GPS 新民用信号 L1C 码跟踪性能分析[J]. 电讯技术,2009,49(1):1 – 7.

[7] 蔡凡,尹燕,张秀忠. 卫星导航接收机中码跟踪实现方式的研究[J]. 中国科学院上海天文台年刊,2006(00):69 – 82.

[8] 刑立滨. 扩频接收机中伪随机码跟踪系统的研究[D]. 哈尔滨:哈尔滨工程大学,2004.

[9] Burian A,Lohan E S,Renfors M. BPSK – like Methods for Hybrid – Search Qcquisition of Galileo Signals [C]. IEEE International Conference on Communications,2006:5211 – 5216.

[10] Lohan E S. Statistical Analysis of BPSK – Like Techniques for the Acquisition of Galileo Signals[J]. Journal of Aerospace Computing Information and Communication,2006,3(5):234 – 243.

[11] Ji Y F,Chen X,Fu Q,et al. Reconstruction of Sub Corss – Correlation Concellation Technique for Unambiguous Acquisition of BOC(kn,n) Signals[J]. Systems Engineering and

Electronics, 2019(5): 852 – 860.

[12] Anantharamu P B, Borio D, Gérard Lachapelle. Sub – Carrier Shaping for BOC Modulated GNSS Signals[J]. EURASIP Journal on Advances in Signal Processing, 2011(1):133.

[13] Calmettes V, Heiries V, Roviras D, et al. Analysis of Non Ambiguous BOC Signal Acquisition Performance[C]. Proceedings of IONGNSS 17th International Technical of the Satellitie Division, 2004:2611 – 2622.

[14] Tang J, Zhang L, Liu F. Analysis on Bump – Jump Threshold in BOC(1,1) Signal Tracking[C]. IET International Radar Conference 2013, 2013:1 – 5.

[15] Schubert F M, Wendel J, Sllner M, et al. The Astrium correlator: Unambiguous Tracking of High – Rate BOC Signals[C]. 2014 IEEE/ION Position, Location and Navigation Symposium – PLANS 2014.

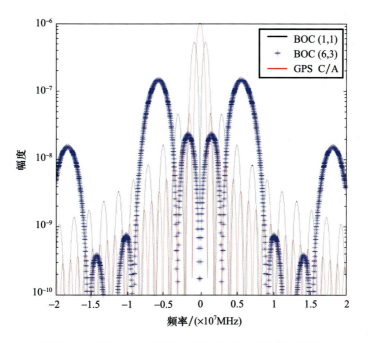

图1-3 BOC(1,1),BOC(6,3)以及 C/A 信号的功率谱

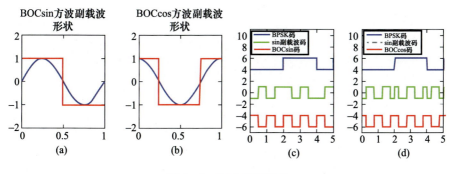

图1-4 BOC 体制信号

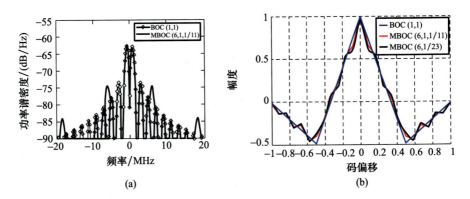

图1-5 MBOC(6,1,1/11)调制信号功率谱密度和自相关函数示意图

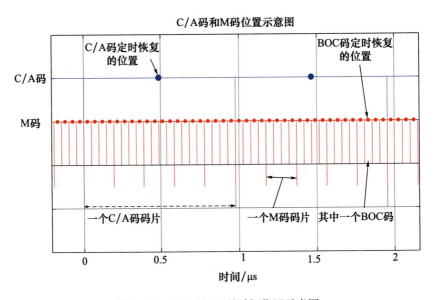

图2-10 C/A码、M码时间位置示意图

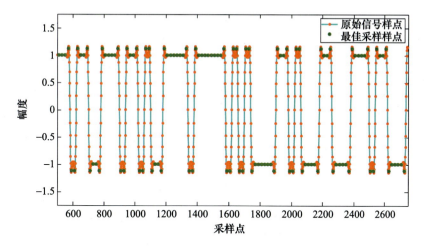

图 3-10　数字信号最佳采样位置

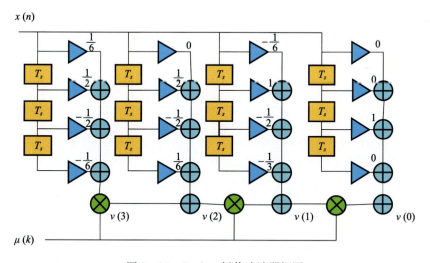

图 3-24　Gardner 插值滤波器框图

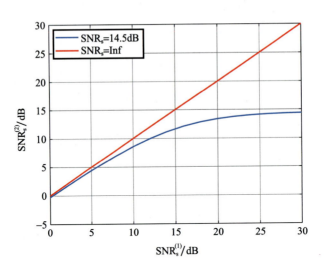

图 3-35 $SNR_s^{(2)}$ 与 $SNR_s^{(1)}$ 的关系

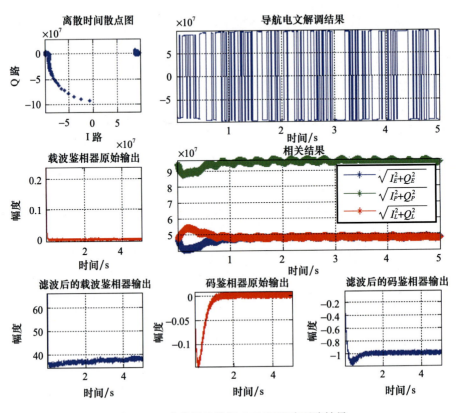

图 4-15 高信噪比数据 C/A 码跟踪环路结果

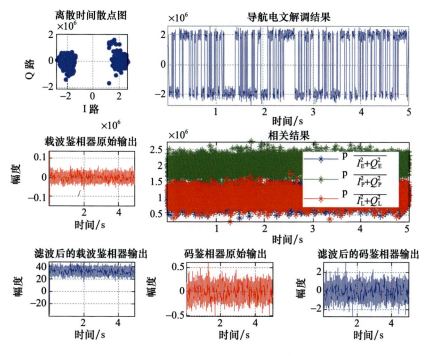

图4-16 低信噪比数据C/A码跟踪环路结果

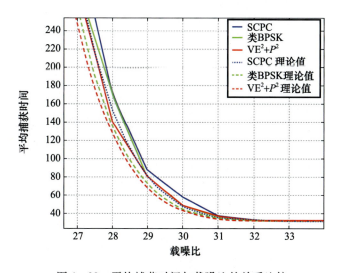

图4-33 平均捕获时间与载噪比的关系比较

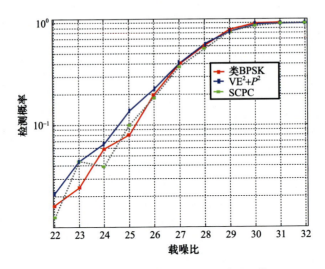

图4-34 检测概率与载噪比的关系比较